园林树木识别与实习教程

（北方地区）

主　编　臧德奎
副主编　孙居文　刘龙昌

中国林业出版社

图书在版编目（CIP）数据

园林树木识别与实习教程：北方地区 / 臧德奎 主编 .—北京：中国林业出版社，2012.1
ISBN 978-7-5038-6266-3

Ⅰ.①园…　Ⅱ.①臧…　Ⅲ.①园林树木—识别—教材
Ⅳ.① S68

中国版本图书馆 CIP 数据核字（2011）第 146692 号

本书编委会

主　编：臧德奎
副主编：孙居文　刘龙昌
编　委：（以姓氏笔画为序）
布凤琴　齐海鹰　闫双喜　杜克久
李保印　张玉钧　黄俊轩

中国林业出版社
责任编辑：李　顺
出版咨询：（010）83223051

出　版：中国林业出版社（100009　北京西城区德内大街刘海胡同 7 号）
印　刷：恒美印务（广州）有限公司
发　行：新华书店北京发行所
电　话：（010）83224477
版　次：2012 年 1 月第 1 版
印　次：2012 年 1 月第 1 次
开　本：787mm × 1092mm　1/16
印　张：16
字　数：300 千字
定　价：58.00 元

前 言

《园林树木识别与实习教程（北方地区）》可作为园林、风景园林、景观及环境艺术设计专业的园林树木学、观赏树木学等课程的实习教材。园林树木学（或观赏树木学）是园林及相关专业的重要专业基础课，树种的分类识别和园林应用是该课程最重要的内容，实践性强。只有正确地认识种类繁多的园林树种，才能为园林应用打下基础。

全书分为总论和各论两部分。总论部分介绍了常用于园林树木识别的形态学知识，主要包括园林树木的生活型以及树形、树皮、枝条、芽、叶、花、花序和果实等的形态特点及其在识别中的应用价值，另外，介绍了植物分类检索表的使用方法。各论部分是北方园林树木的识别，共选择了78科427种（重点介绍的324种），其中裸子植物7科38种，被子植物71科389种，每种包括中文名和拉丁学名、识别要点、地理分布、繁殖方法、园林应用等内容，并附有树形、树皮以及枝叶、花果等细部的彩图，可供在识别中对照参考。本书适用范围为秦岭、淮河以北地区，即通常所指的北方地区。选择树种时，以北方地区园林中应用广泛的树种为主，适当增加了观赏价值较高而应用尚不普遍或尚未应用的野生种类。

本书以树种识别为主要目的，特别突出实用性，考虑到花果等繁殖器官在年周期中出现的时间较短，每个科内都编制了营养器官检索表。

书中的照片，除作者自拍外，承蒙胡绍庆、王富献等提供部分照片，并从互联网收集了少量图片，在此表示感谢。

由于编者水平有限，错误和不当之处在所难免，欢迎批评指正。

编著者

2010年9月

目 录

前 言

总 论

各 论

总 论

一、园林树木识别的形态学基础

（一）整体形态

1. 生活型

（1）乔木：具有明显直立的主干而上部有分枝的树木，通常高在5m以上。依成熟期的高度，乔木可分为大乔木、中乔木和小乔木；依习性还可分为常绿乔木和落叶乔木；依叶片类型则可分为针叶树和阔叶树。

（2）灌木：主干低矮或无明显的主干、分枝点低的树木，通常高5m以下。灌木也有常绿和落叶、针叶和阔叶之分。灌木还可分为丛生灌木、匍匐灌木和半灌木等类别。

（3）木质藤本：自身不能直立生长，必须依附他物而向上攀援的树种。按攀援习性的不同，可分为缠绕类、卷须类、吸附类等。

2. 树形

（1）圆柱形：中央领导干较长，分枝角度小，枝条贴近主干生长。如杜松、新疆杨、箭杆杨。

（2）尖塔形：顶端优势明显，主枝近于平展，整个树体从底部向上逐渐收缩，呈金字塔形。如雪松。

（3）圆锥形：树冠较丰满，呈或狭或阔的圆锥体状。如华山松、水杉、落羽杉、鹅掌楸。

（4）卵球形和圆球形：主干不明显或至有限的高度即分枝，整体树形呈现卵球形、圆球形等。如元宝枫、黄栌、榆树、海桐、千头柏。此外，相近的树形还有长卵形、倒卵形、钟形、扁球形等。

（5）垂枝形：具有明显悬垂或下垂的柔长枝条的树种。如垂柳、龙爪槐。

（6）偃卧形：主干和主枝匍匐地面生长。如砂地柏。

（二）营养器官的形态

1. 树皮

树皮是树木识别和鉴定的重要特征之一，但应注意的是，树皮形态常受到树龄、树木生长速度、生境等的影响。树皮特征包括质地、开裂和剥落方式、颜色、开裂深度、附属物等，其中开裂和剥落的方式是常用的特征，而对于部分树种而言，树皮的颜色和附属物则是识别的重要依据。

常见的树皮开裂方式有：平滑，如梧桐；细纹状开裂，如水曲柳；方块状开裂，如柿树；鳞块状开裂，如赤松；纵裂，如细纵裂的臭椿，浅纵裂的麻栎，深纵裂的刺槐，不规则纵裂的栓皮栎、黄檗；横裂：如山桃。树皮的剥落方式常见的有：片状剥落，如悬铃木、木瓜、白皮松、榔榆；长条状剥落，如水杉、侧柏；纸状剥落，如白桦。

树皮的颜色，除了普通的黑色、褐色外，有些比较特殊，如红桦为红色，梧桐为绿色，白桦为白色。此外，树皮内部特征可用利刀削平观察，如柿树具有火焰状花纹，苦木具有花篮状花纹，黄檗、大叶小檗为黄色等。

2. 枝条

枝条是位于顶端，着生芽、叶、花或果实的木质茎。着生叶的部位称为节，两节之间的部分称为节间。

（1）长枝和短枝

根据节间发育与否，枝条可分为长枝和短枝两种类型。长枝是生长旺盛、节间较长的枝条，具有延伸生长和分杈的习性；短枝是生长极度缓慢、节间极短的枝条，由长枝的腋芽发育而成。大多数树种仅具有长枝，一些树种则同时具有长枝和短枝，如银杏、落叶松、枣树。有些树种如苹果属、梨属、毛白杨等的生殖枝（花枝）具有短枝的特点。根据短枝顶芽发育与否，短枝分为无限短枝和有限短枝。前者每年形成顶芽具有伸长生长的功能，如银杏；后者不形成顶芽，顶端常着生几枚叶片，并和叶片形成一个整体，如白皮松、赤松。

（2）叶痕、托叶痕和芽鳞痕

叶片脱落后在枝条上留有叶痕，叶痕的形状有新月形、半圆形、马蹄形等。托叶痕为托叶脱落后在枝条上留下的痕迹，常位于叶痕的两侧，有点状、眉状、线状、环状等，如环状的托叶痕是木兰科植物的重要识别特征之一。枝条的基部则具有芽鳞痕，有些树种的芽开放后芽鳞并不立即脱落，也宿存于枝条基部，其形态也成为树种识别的依据，如红皮云杉。

（3）髓

髓是枝条中部的组织，质地和颜色可用于识别树种。大多数树种为实心髓，包括海绵质髓（由松软的薄壁组织组成，如臭椿、苦楝、接骨木）、均质髓（由厚壁细胞或石细胞组成，如麻栎、栓皮栎），有些树种为空心髓（如溲疏、连翘）、片状髓（如枫杨、杜仲、胡桃）。髓的断面形状也有不同，如圆形（如白榆、白蜡）、多边形（如槲树）、五角形（如杨树）、三角形（如赤杨）、方形（如荆条）等。

（4）枝的变态性状和附属物

枝刺：为枝条的变态，生于叶腋内，或枝条的先端硬化成刺，基部可有叶痕，其上常可着生叶、芽等，分枝或否，如圆叶鼠李、皂荚、甘肃山楂、枸橘。

茎卷须：为枝条的变态，如葡萄。

叶刺和托叶刺：是叶和托叶的变态，发生于叶和托叶生长的部位。叶刺可分为由单叶形成的叶刺（如小檗属）和由复叶的叶轴变成的叶轴刺（如锦鸡儿属）。托叶刺常成对出现，位于叶片或叶痕的两侧，如枣树、酸枣和刺槐。

皮刺：为表皮和树皮的突起，位置不固定，除了枝条外，其他器官如叶、花、果实、树皮等处均可出现皮刺。如五加、刺楸、玫瑰、花椒。

木栓翅：木栓质突起呈翅状，见于大果榆、卫矛等。

皮孔：是枝条上的通气结构，也可在树皮上留存，其形状、大小、分布密度、颜色因植物而异，如樱花的皮孔横裂，白桦、红桦的皮孔线形横生，毛白杨的皮孔菱形等。

此外，枝条的颜色、蜡被以及毛被（星状毛、丁字毛、分枝毛、单毛）、腺鳞均为树种识别的重要特征。如枝条绿色的棣棠、迎春、青榨槭，红色的红瑞木、云实，黄色的金枝垂柳，白色的银白杨等。

3. 芽

芽是未伸展的枝、叶、花或花序的幼态。芽的类型、形状和芽鳞特征是树木识别的依据。

（1）顶芽和侧芽（腋芽）

生长于枝顶的芽称顶芽，生长于叶腋的芽称侧芽（腋芽）。有些树种的顶芽败育，而位于枝顶的芽由最近的侧芽发育形成（假顶芽），因此并无真正的顶芽，应根据假顶芽基部的叶痕进行判断，如榆、椴、板栗等。

(2) 单芽、叠生芽、并生芽

一般树种的叶腋内只有1个芽，即单芽。有些树种则具有2个或2个以上的芽，直接位于叶痕上方的侧芽称为主芽，其他的芽称为副芽。当副芽位于主芽两侧时，这些芽称为并生芽，如桃、山桃、牛鼻栓；当副芽位于主芽上方时，这些芽称为叠生芽，如桂花、皂荚、胡桃。

(3) 鳞芽和裸芽

芽根据有无芽鳞可分为鳞芽和裸芽。芽鳞是叶或托叶的变态，保护幼态的枝、叶、花或花序。北方树木大多数是鳞芽，裸芽较少，如枫杨、木绣球、苦木。芽鳞可少至1枚，如柳属，而当芽鳞多数时，其排列方式有覆瓦状排列（如杨属、蔷薇科、壳斗科）、镊合状排列（如漆树、苦楝、赤杨）。此外，木兰科、无花果、油桐等的芽为芽鳞状托叶所包被。

(4) 叶柄下芽

叶柄下芽简称柄下芽，指有些树种的芽包被于叶柄内，有些部分包被可称为半柄下芽。如悬铃木、槐树、刺槐、黄檗。

(5) 叶芽、花芽和混合芽

叶芽开放后形成枝和叶，花芽开放后形成花或花序，混合芽开放后形成枝叶和花或花序。

4. 叶

叶是鉴定、比较和识别树种常用的形态，在鉴定和识别树种时，叶具有明显和独特的容易观察和比较的形态特征。叶在树种形态特征中是变异比较明显的一部分，但是每个树种叶的变异仅发生在一定的范围内。植物的叶，一般由叶片、叶柄和托叶三部分组成，不同植物的叶片、叶柄和托叶的形状是多种多样的。具叶片、叶柄和托叶三部分的叶，称为完全叶，如梨、桃、月季；有些叶只具其中一或两个部分，称为不完全叶，其中无托叶的最为普遍，如丁香。有些植物的叶具托叶，但早落，应加注意。

叶片是叶的主要组成部分，在树种鉴定和识别中，常用的形态主要有叶序、叶形、叶脉、叶先端、叶基、叶缘及叶表毛被和毛的类型。

(1) 叶序

叶序即叶的排列方式，包括互生、对生和轮生。

互生：每节着生 1 叶，节间明显，如桃、垂柳。又可分为二列状互生如榆科植物、板栗，和螺旋状互生如冷杉、麻栎、石楠。当节间很短时，多数叶片成簇着生于短枝上或枝顶可形成簇生状，如银杏、金钱松、结香。

对生：每节相对着生 2 叶，如小蜡、蜡梅、元宝枫。

轮生：每节有规则地着生 3 个或 3 个以上的叶片，如楸树、梓树、夹竹桃。

(2) 叶的类型

叶的类型包括单叶和复叶。叶柄上着生 1 枚叶片，叶片与叶柄之间不具关节，称为单叶；叶柄上具有 2 片以上的叶片称为复叶。

单身复叶：外形似单叶，但小叶片和叶柄间具有关节，如柑橘。

三出复叶：叶柄上具有 3 枚小叶。可分为掌状三出复叶如枸橘，和羽状三出复叶如胡枝子。

羽状复叶：复叶的小叶排列成羽状，生于叶轴的两侧，形成一回羽状复叶，分为奇数羽状复叶如化香、蔷薇、槐树、盐肤木，和偶数羽状复叶如黄连木、锦鸡儿。若一回羽状复叶再排成羽状，则可形成二回以至三回羽状复叶，如合欢、苦楝。复叶中的小叶大多数对生，少数为互生，如黄檀、北美肥皂荚。

掌状复叶：几枚小叶着生于总叶柄的顶端，如七叶树、木通、五叶地锦。

复叶和单叶有时易混淆，这是由于对叶轴和小枝未加仔细区分。叶轴和小枝实际上有着显著的差异，即：①叶轴上没有顶芽，而小枝具芽；②复叶脱落时，先是小叶脱落，最后叶轴脱落，小枝上只有叶脱落；③叶轴上的小叶与叶轴成一平面，小枝上的叶与小枝成一定角度。

(3) 叶形

叶形即叶片或复叶的小叶片的轮廓。被子植物常见的叶形有：鳞形，如柽柳；披针形，如山桃；卵形，如女贞、日本女贞；椭圆形，如柿树、白鹃梅、君迁子；圆形，如中华猕猴桃；菱形，如小叶杨、乌桕；三角形，如加拿大杨、白桦；倒卵形，如白玉兰、蒙古栎；倒披针形，如雀舌黄杨、照山白等。很多树种的叶形可能介于两种形状之间，如三角状卵形、椭圆状披针形、卵状椭圆形、广卵形或阔卵形、长椭圆形等。

裸子植物的叶形主要包括：针形，如白皮松、雪松；条形，如日本冷杉、水杉；四棱形，如红皮云杉；刺形，如杜松、铺地柏；钻形或锥形，如柳杉；鳞形，如侧柏、日本扁柏、龙柏。

(4) 叶脉

叶脉是贯穿于叶肉内的维管组织及外围的机械组织。树木常见的叶脉类型有：羽状脉，主脉明显，侧脉自主脉两侧发出排成羽状，如白榆、麻栎；三出脉，三条近等粗的主脉由叶柄顶端或稍离开叶柄顶端同时发出，如天目琼花、三桠乌药、枣树；掌状脉，三条以上的近等粗的主脉由叶柄顶端同时发出，在主脉上再发出二级侧脉，如鸡爪槭、元宝枫；平行脉，叶脉平行排列，如竹类植物。

(5) 叶端、叶基和叶缘

叶端指叶片先端的形状，主要有：渐尖，如麻栎、鹅耳枥；突尖，如大果榆、红丁香；锐尖，如金钱槭、鸡麻；尾尖，如郁李、乌桕、省沽油；钝，如广玉兰、菝葜；平截，如鹅掌楸；凹缺以至二裂，如凹叶厚朴、中华猕猴桃。

叶基指叶片基部的形状，主要有：下延，如圆柏、宁夏枸杞；楔形（包括狭楔形至宽楔形），如木槿、李、蚊母树、连翘；圆形，如胡枝子、紫叶李；截形或平截如元宝枫；心形，如紫荆；耳形，如辽东栎；偏斜，如欧洲白榆等。

叶缘即叶片边缘的变化，包括全缘、波状、有锯齿和分裂等。全缘叶的叶缘不具任何锯齿和缺裂，如女贞、白玉兰。波状的叶缘呈波浪状起伏，如樟树、胡枝子。锯齿的类型众多，有单锯齿如光叶榉、重锯齿如大果榆、钝锯齿如豆梨和尖锯齿如青檀，有的锯齿先端有刺芒如麻栎、栓皮栎、樱花，有点锯齿先端有腺点如臭椿。分裂的情况有三裂、羽状分裂（裂片排列成羽状，并具有羽状脉）和掌状分裂（裂片排列成掌状，并具有掌状脉），并有浅裂（裂至中脉约 1/3）、深裂（裂至中脉约 1/2）和全裂（裂至中脉）之分。

(6) 叶片附属物

毛被是指一切由表皮细胞形成的毛茸，叶片的毛被是树木识别的重要特征之一。叶片被有的毛被主要有如下的术语，这些术语同样可以用于描述枝条、花、果实等的毛被。

柔毛：毛被柔软，不贴附表面，如柿树、小蜡。

绢毛：毛被较长，柔软而贴附，有丝绸光泽，如三桠乌药、芫花。

绒毛：毛被柔软绵状，常缠结或呈垫状，如银白杨。

硬毛：毛被短粗而硬直，如蜡梅、葛藤。

睫毛：毛被成行生于叶缘，如黄檗、探春。

星状毛：毛从中央向四周分枝，形如星状，如溲疏、糠椴。

腺毛：毛被顶端具有膨大的腺体，如胡桃楸、大字杜鹃。

丁字毛：毛从中央向两侧各分一枝，外观形如一根毛，如花木蓝、毛梾。

分枝毛：毛被呈树枝状分枝，如毛泡桐。

盾状毛（腺鳞）：毛被呈圆片状，具短柄或无，如牛奶子、迎红杜鹃。

（三）、生殖器官的形态

1. 花

花从外向里是由萼片、花瓣、雄蕊群和雌蕊群组成的，下面还有花托和花梗（花柄）。在花的组成中，会出现部分缺失的现象，这样的花称为不完全花，反之为完全花。

(1) 花梗与花托

花梗是着生花的小枝，也是花朵和茎相连的短柄。不同植物花梗长度变异很大，也有的不具花梗。花托是花梗的顶端部分，花部按一定方式排列其上，形态各异，一般略呈膨大状，还有圆柱状（白玉兰）、凹陷呈碗状（如桃）、壶状（如多花蔷薇）等，有时花托在雌蕊基部形成膨大的盘状，称为花盘（如葡萄）。

(2) 花被

花被是花萼和花瓣的总称。当花萼和花瓣的形状、颜色相似时，称为同被花，每一片称为花被片，如白玉兰；当花萼、花瓣不相同时，为异被花，如山桃；当花萼、花瓣同时存在时，为双被花，如槐树、日本樱花；当花萼存在、花瓣缺失时，为单被花，如白榆；当花萼、花瓣同时缺失时，为无被花（裸花），如杨柳科。

花萼由萼片组成，花冠由花瓣组成，花萼和花瓣的数目、形状、颜色等特征，是分类的重要依据。花萼通常绿色，有些树种的大而颜色类似花瓣。萼片彼此完全分离的，称为离生萼；萼片多少连合的，称为合生萼。在花萼的下面，有的植物还有一轮花萼状物，称为副萼，如木槿、木芙蓉。花萼不脱落，与果实一起发育的，称为宿萼，如枸杞。

当花瓣离生时，为离瓣花，如紫薇；当花瓣合生时，为合瓣花，如柿树，连合部分称为花冠筒，分离部分称为花冠裂片。花冠的对称性有辐射对称（如海棠花、连翘）和两侧对称（如刺槐、毛泡桐），花冠的形状一般有蝶形、漏斗形、唇形、钟形、高脚碟状、坛状、辐状、舌状等。

(3) **雄蕊群**

雄蕊群是一朵花内全部雄蕊的总称，在完全花中，位于花被和雌蕊群之间。雄蕊由花丝和花药组成，有的树种无花丝，花药的开裂方式有纵裂、横裂、孔裂、瓣裂等。

雄蕊的数目和合生程度不同，是树木识别的基础，是科、属分类的重要特征。除了离生雄蕊外，常见的有二强雄蕊（如荆条）、四强雄蕊、单体雄蕊（如木槿、苦楝）、二体雄蕊（如刺槐）、多体雄蕊（如金丝桃）、聚药雄蕊等。

(4) **雌蕊群**

雌蕊群是一朵花内全部雌蕊的总称。一朵花中可以有1至多枚雌蕊，在完全花中，雌蕊位于花的中央，由子房、花柱、柱头组成。

心皮是构成雌蕊的基本单位，是具有生殖作用的变态叶。心皮的数目、合生情况和位置也是树木识别的基础，是科、属分类的重要特征。一朵花中的雌蕊由一个心皮组成的为单雌蕊，如豆科；由多数心皮组成，但心皮之间相互分离的为离生雌蕊，如木兰科；由多数心皮合生组成的为合生雌蕊，如多数树木的雌蕊。

子房是雌蕊基部的膨大部分，有或无柄，着生在花托上，其位置有以下几种类型。①上位子房：花托多少凸起，子房只在基底与花托中央最高处相接，或花托多少凹陷，与在它中部着生的子房不相愈合。前者由于其他花部位于子房下侧，称为下位花，如杏；后者由于其他花部着生在花托上端边缘，围绕子房，故称周位花，如蔷薇；②半下位子房：花托或萼片一部分与子房下部愈合，其他花部着生在花托上端内侧边缘，与子房分离，这种花也为周位花，如圆锥绣球；③下位子房：子房位于凹陷的花托之中，与花托全部愈合，或者与外围花部的下部也愈合，其他花部位于子房之上，这种花则为上位花，如白梨。

2. 花序

当枝顶或叶腋内只生长1朵花时，称为单生花，如白玉兰。当许多花按一定规律排列在分支或不分支的总花柄上时，形成了各式花序，总花柄称为花序轴。花序着生的位置有顶生和腋生。花序的类型复杂多样，表现为主轴的长短、分枝与否、花柄有无以及各花的开放顺序等的差异。根据各花的开放顺序，可分为两大类：

(1) **无限花序**

花序的主轴在开花时，可以继续生长，不断产生花芽，各花的开放顺序是由花序轴的基部向顶部依次开放或由花序周边向中央依次开放。它又可分为以下几种常见的类型。

①总状花序：花序轴单一，较长，上面着生花柄长短近于相等的花，开花顺序自下而上，如刺槐、稠李、文冠果。总状花序再排成总状则为圆锥花序（复总状花序），如槐树、栾树、珍珠梅。

②伞房花序：同总状花序，但上面着生花柄长短不等的花，越下方的花其花梗越长，使花几乎排列于一个平面上，如苹果。花序轴上的分枝成伞房状排列，每一分枝又自成一伞房花序即为复伞房花序，如花楸、粉花绣线菊。

③伞形花序：花自花序轴顶端生出，各花的花柄近于等长，如笑靥花、珍珠绣线菊。若花序轴顶端丛生若干长短相等的分枝，每分枝各自成一伞形花序则为复伞形花序，如刺楸。

④穗状花序：花序轴直立、较长，上面着生许多无柄的花，如胡桃楸、山麻杆的雌花序。

⑤柔荑花序：花轴上着生许多无柄或短柄的单性花，常下垂，一般整个花序一起脱落，如杨、柳等。

⑥头状花序：花轴短缩而膨大，花无梗，各花密集于花轴膨大的顶端，呈头状或扁平状，如构树、柘树、四照花。

⑦隐头花序：花轴特别膨大，中央部分向下凹陷，其内花着生许多无柄的花，如无花果。

（2）有限花序

也称聚伞类花序，开花顺序为花序轴顶部或中间的花先开放，再向下或向外侧依次开花，有单歧聚伞花序、二歧聚伞花序（如大叶黄杨）、多歧聚伞花序（如西洋接骨木）。聚伞花序可再排成伞房状、圆锥状等。

3. 果实

果实的类型较多，是识别树木的重要特征。在一些树木中果实仅由子房发育形成，称为真果，如桃，另一些树木中，花的其他部分（花托、花被等）也参与果实的形成，这种果实称为假果，如梨。果实的类型可以从不同方面来划分。

一朵花中如果只有 1 枚雌蕊、只形成 1 个果实的，称为单果。一朵花中有许多离生雌蕊，每 1 雌蕊形成一 1 个小果，相聚在同一花托之上，称为聚合果，如望春玉兰为聚合蓇葖果、领春木为聚合翅果。如果果实是由整个花序发育而来，则称为聚花果（复果），如桑、无花果。

如果按果皮的性质来划分，有肥厚肉质的肉果，也有果实成熟后果皮干燥无汁的干果，肉果和干果又各区分若干类型，在树木识别中，常见的果实类型有以下几种。

浆果：肉果中最为习见的一类，由 1 个或几个心皮形成，一般柔嫩、肉质而多汁，内含多数种子，如葡萄、柿。枸橘的果实也是一种浆果，特称为柑果，由多心皮具中轴胎座的子房发育而成，外果皮坚韧革质，有很多油囊分布。

核果：通常由单雌蕊发展而成，内含 1 枚种子，如桃、李、杏。

梨果：多为下位子房的花发育而来，果实由花托和心皮愈合后共同形成，属于假果，如梨、苹果。

荚果：单心皮发育而成的果实，成熟后沿背缝和腹缝两面开裂，如刺槐。有的虽具荚果形式但并不开裂，如合欢、皂荚等。

蓇葖果：由单心皮发育而成，成熟后只沿一面开裂，如沿心皮腹缝开裂的牡丹、梧桐，沿背缝开裂的望春玉兰。

蒴果：由合生心皮的复雌蕊发育而成的果实，子房 1 室至多室，每室种子多粒，成熟时开裂，如金丝桃、紫薇。

瘦果：由 1 至几个心皮发育而成，果皮硬，不开裂，果内含 1 枚种子，成熟时果皮与种皮易于分离。如蜡梅为聚合瘦果。

颖果：果皮薄，革质，只含 1 粒种子，果皮与种皮愈合不易分离，如竹类的果实。

翅果：果皮延展成翅状，如榆、槭。

坚果：外果皮坚硬木质，含 1 粒种子的果实，如板栗、麻栎、榛子。

4. 裸子植物的球花

裸子植物没有真正的花，在开花期间形成的繁殖器官称之为球花，即孢子叶球。典型的球花仅在南洋杉科、松科、杉科和柏科中出现，其他科不明显。根据性别，球花分为雄球花和雌球花，雌球花发育为球果。

雄球花结构十分简单，由小孢子叶和中轴组成。小孢子叶相当于被子植物的雄蕊，具有 1 至多数花粉囊（也称为花药）。花粉囊数目在裸子植物的不同类群中存在差异，如松科为 2，杉科常为 3~5，柏科为 2~6，三尖杉科常为 3，红豆杉科 3~9。

雌球花由珠鳞、苞鳞和胚珠着生在中轴上形成，胚珠在授粉期间完全裸露。南洋杉科、松科、杉科和柏科的珠鳞呈鳞片状，着生在由叶变态形成的苞鳞腋内，胚珠着生在珠鳞的腹面。

不具典型球花的苏铁科的珠鳞为变态的叶片，胚珠着生在中下部两侧，银杏科的胚珠着生在顶生珠座上，珠座具长柄，罗汉松科的胚珠生于套被中，红豆杉科的胚珠则生于珠托上，套被和珠托均具柄。

二、植物分类检索表的使用

植物分类检索表是鉴别植物种类的重要工具之一。当需要鉴定一种不知名的植物时，可以利用相关工具书内的分科、分属和分种检索表，查出植物所属的科、属以及种的名称，从而鉴定植物。检索表是根据二歧分类的原理、以对比的方式编制的。就是把各种植物的关键特征进行综合比较，找出区别点和相同点，然后一分为二，相同的归在一项下，不同的归在另一项下。在相同的一项下，又以另外的不同点分开，依此类推，最终将所有不同的种类分开。

为了快速鉴定树种，在种类多于一种的科内，本书编制了主要以营养器官为识别特征的分种检索表，因为相对于生殖器官而言，营养器官在一年中出现的时间最长，其特征最容易观察到。常用的检索表有定距式和平行式两种，本书所采用的为定距式，除非专门指出，检索表中所列的检索特征指的是正常发育的成年植株的特征。

在使用检索表时，必须对所要鉴定树种的形态特征进行全面细致的观察，这是鉴定工作能否成功的关键所在。然后，根据检索表的编排顺序逐条由上向下查找，直到检索到需要的结果为止。

（1）为了确保鉴定结果的正确，一定要防止先入为主、主观臆测和倒查的倾向。

（2）检索表的结构都是以两个相对的特征编写的，而两个对应项号码是相同的，排列的位置也是相对称的。鉴定时，要根据观察到的特征，应用检索表从头按次序逐项往下查，绝不允许随意跳过一项或多项而去查另一项，因为这样特别容易导致错误。

（3）要全面核对两项相对性状，也即在看相对的二项特征时，每查一项，必须对另一项也要查看，然后再根据植物的特征确定到底哪一项符合你要鉴定的植物特征，要顺着符合的一项查下去，直到查出为止。假若只看一项就加以肯定，极易发生错误。在整个检索过程中，只要查错一项，将会导致整个鉴定工作的错误。因此，在检索过程中，一定要克服急躁情绪，按照检索步骤小心细致地进行。

（4）在核对了两项性状后仍不能做出选择时，或植物缺少检索表中的要求特征时，可分别从两个对立项下同时检索，然后从所获得的两个结果中，通过核对两个种的描述作出判断。如果全部符合，证明鉴定的结论是正确的，否则还需进一步加以研究，直至完全正确为止。

各　论

一、 银杏科 Ginkgoaceae

银杏（白果树）

Ginkgo biloba L.　　银杏属

【识别要点】落叶乔木，高达 40m。幼年及壮年树冠圆锥形，老树呈广卵形至球形。树皮灰褐色、纵裂。大枝近轮生，雌株的大枝较开展或下垂。有长枝和距状短枝。叶扇形，上缘宽 5 ~ 8cm，在长枝上螺旋状排列，在短枝上簇生；叶脉二叉状。球花小，雌雄异株。雄球花柔荑花序状；雌球花有长柄，柄端分二叉。种子呈核果状，近球形，淡黄色，被白粉。花期 3 ~ 5 月，种子成熟期 8 ~ 10 月。

【地理分布】我国特产，浙江西天目山有野生林木。现广泛栽培，北自沈阳，南达广东北部，西至云南、四川、贵州，以江苏、安徽、浙江为栽培中心。

【繁殖方法】播种、嫁接、扦插、分蘖繁殖。

【园林应用】树姿优美，冠大荫浓，秋叶金黄，而且叶形奇特，是优良的庭荫树、园景树和行道树。在公园草坪、广场等开阔环境中，适于孤植或丛植。

二、松科 Pinaceae

营养器官检索表

1. 仅具长枝，无短枝；叶条形扁平或具四棱，螺旋状散生
 2. 叶条形，小枝无叶枕，有圆形、吸盘状叶痕；球果成熟后种鳞自中轴脱落
  3. 叶宽 3 ～ 4mm，幼树之叶先端二叉，壮龄树及果枝叶先端钝或微凹 …… 日本冷杉 *Abies firma*
  3. 叶宽 1.5 ～ 2.5mm，先端尖，决不凹入或 2 裂 …………………… 辽东冷杉 *Abies holophylla*
 2. 叶四棱形，四面有气孔线，小枝有显著隆起的木钉状叶枕
  4. 小枝基部宿存芽鳞不反曲；1 年生枝灰白色、淡黄灰白色，叶较细，气孔带不明显，四面均为绿色………………………………………………………………………青杆 *Picea wilsonii*
  4. 小枝基部宿存芽鳞多少向外反曲，1 年生枝颜色较深，黄褐色、红褐色或橘红色，叶四面均有气孔带
   5. 叶先端尖
    6. 一年生枝无白粉；球果长 5 ～ 8cm，褐色；种鳞露出部分平滑…………… 红皮云杉 *Picea koraiensis*
    6. 一年生枝有柔毛和白粉；球果长 8 ～ 12cm，种鳞露出部分具明显纵纹……… 云杉 *Picea asperata*
   5. 叶先端钝或钝尖，四面有白色气孔带，呈粉状青绿色……………………… 白杆 *Picea meyeri*
1. 具长枝和短枝（距状或不发达），叶条形或针形，在长枝上螺旋状散生，在短枝上簇生，或成束着生
 7. 具长枝和发达的距状短枝；叶条形或针形，在长枝上散生，在短枝上簇生
  8. 叶扁平条形，柔软，落叶性；球果当年成熟
   9. 芽鳞先端钝；叶宽 2mm 以内
    10. 1 年生长枝几无白粉
     11. 1 年生长枝较粗，径 1.5 ～ 2.5mm；短枝径 3 ～ 4mm；球果成熟时上端的种鳞微张开或不张开……………………………………… 华北落叶松 *Larix principis-rupprechtii*
     11. 1 年生长枝较细，径约 1mm；短枝径 2 ～ 3mm；球果成熟时上端的种鳞张开 ……………………………………………………………………………………落叶松 *Larix gmelini*
    10. 1 年生长枝红褐色，密被白粉……………………………………日本落叶松 *Larix kaempferi*
   9. 芽鳞先端尖；叶宽 2 ～ 4mm ………………………………………… 金钱松 *Pseudolarix amabilis*
  8. 叶针形，坚硬；常绿性……………………………………………………………… 雪松 *Cedrus deodara*
 7. 具长枝和不发达的短枝；鳞叶（原生叶）在长枝螺旋状排列，苗期为扁平条形，后退化成膜质片状；针叶（次生叶）常 2、3 或 5 针一束，生于鳞叶腋部不发育的短枝顶端
  12. 叶鞘早落，叶内具维管束 1
   13. 针叶 5 针一束

14. 针叶长 6 ~ 15cm；球果长 9cm 以上

15. 小枝密生黄褐色柔毛；球果熟时种鳞不张开……………………………红松 *Pinus koraiensis*

15. 小枝绿色，无毛；球果熟时种鳞张开……………………………………华山松 *Pinus armandii*

14. 针叶长 3.5 ~ 5.5cm；球果较小，长 4.0 ~ 7.5cm……………… 日本五针松 *Pinus parviflora*

13. 针叶 3 针 1 束；鳞脐背生；树皮不规则片状剥落，有乳白色斑块…… 白皮松 *Pinus bungeana*

12. 叶鞘宿存，叶内具维管束 2

16. 针叶粗短，长 4 ~ 9cm，宽而常扭曲；小枝淡黄褐色，叶树脂道边生，6 ~ 11 个………………………………………………………………………………………樟子松 Pinus sylvestris var. mongolica

16. 针叶较长，一般长 8cm 以上

17. 冬芽红褐至褐色，绝非银白色；叶内树脂道边生

18. 1 年生小枝多少有白粉，针叶细柔，长 8 ~ 12cm，径约 1mm；树皮裂片近膜质 ………………………………………………………………………………………… 赤松 *Pinus densiflora*

18. 1 年生小枝无白粉，针叶粗硬，长 10 ~ 15cm，径约 1.5mm ………………………………………………………………………………………………油松 *Pinus tabulaeformis*

17. 冬芽银白色，针叶粗硬，长（6）7 ~ 12cm，中生树脂道 6 ~ 11 个………… 黑松 *Pinus thunbergii*

日本冷杉

Abies firma Sieb. et Zucc. 冷杉属

【识别要点】常绿乔木，高达 30m。树冠塔形。仅具长枝，小枝有圆形叶痕。1 年生枝淡黄灰色，凹槽中有细毛。叶条形、扁平，上面中脉凹下，螺旋状排列或扭成 2 列状。幼树之叶先端二叉状，树脂道 2 个边生；壮龄树及果枝叶先端钝或微凹，树脂道 4，中生 2、边生 2。球果直立，长 10 ~ 15cm，苞鳞明显长于种鳞，先端有急尖头，直伸；成熟时种鳞从中轴上脱落。

【地理分布】原产日本，华东和华北南部栽培，作庭院观赏树。

【繁殖方法】播种繁殖。

【园林应用】树冠尖塔形，用于庭园观赏及风景林营造。

辽东冷杉（杉松）

Abies holophylla Maxim.

冷杉属

【识别要点】常绿乔木，树冠塔形。1 年生枝淡灰黄色或淡黄褐色，无毛。叶条形，较窄长，长 2 ～ 4cm，宽 1.5 ～ 2.5mm，先端急尖或渐尖，无凹缺，下面有 2 条白色气孔带，果枝上的叶上面也有 2 ～ 5 条不明显的气孔带。球果圆柱形，苞鳞长不及种鳞之半，绝不露出。花期 4 ～ 5 月，球果成熟期 9 ～ 10 月。

【地理分布】分布于东北地区，产黑龙江东南部、吉林东部及辽宁东部；俄罗斯和朝鲜也有分布。华北常见栽培。

【繁殖方法】播种繁殖。

【园林应用】树姿优美，是优良山地风景林树种，也常用于庭园观赏。

红皮云杉

Picea koraiensis Nakai

云杉属

【识别要点】常绿乔木，高达 30m。树冠尖塔形；树皮不规则长薄片状脱落，裂缝红褐色。冬芽圆锥形。小枝具木钉状叶枕。1 年生枝黄褐色，无白粉；宿存芽鳞反曲。叶锥状四棱形，长 1.2 ～ 2.2cm，螺旋状排列，四面有气孔带，先端尖。球果圆柱形，下垂，长 5 ～ 8cm，褐色；种鳞宿存，露出部分平滑。花期 5 ～ 6 月，球果成熟期 9 ～ 10 月。

【地理分布】分布于黑龙江、吉林长白山、辽宁东部及内蒙古东部；朝鲜北部和俄罗斯远东也产。华北和东北常见栽培。

【繁殖方法】播种繁殖。

【园林应用】树姿优美，苍翠壮丽，是著名的园林树种。最适于规则式园林中对植或列植，孤植、丛植或群植成林也极为壮观。

青扦

Picea wilsonii Mast.　　云杉属

【识别要点】常绿乔木，树冠圆锥形。树皮淡黄灰色或暗灰色，浅裂成不规则鳞状块片脱落。1年生枝灰白色或淡黄灰白色，无毛。冬芽卵圆形，无树脂；宿存芽鳞紧贴小枝，不反曲。叶断面菱形或扁菱形，较细密，长 0.8 ~ 1.8cm，宽 1.2 ~ 1.7mm，先端尖，气孔带不明显，四面均绿色。球果长 5 ~ 8cm，黄褐色或淡褐色；种鳞先端圆或急尖，鳞背露出部分较平滑。

【地理分布】我国特产，分布于华北、西北，生于海拔 1400 ~ 2800m 山地。常见栽培。

【繁殖方法】播种繁殖。

【园林应用】树冠圆锥形，树形整齐，叶较细密，可用于花坛中心、草地、门前、公园，孤植、列植、群植均宜。

【相近种类】白杄 *Picea meyeri* Rehd. et Wils.

云杉

Picea asperata Mast.

云杉属

【识别要点】常绿乔木，树冠尖塔形。树皮淡灰褐色，不规则鳞片状脱落。1 年生枝褐黄色，有柔毛和白粉。冬芽有树脂，宿存芽鳞反曲。叶四棱状条形，长 1 ~ 2cm，先端尖，四面有气孔线。球果近圆柱形，长 8 ~ 12cm，熟时栗褐色；种鳞倒卵形，先端全缘，露出部分具明显纵纹。种子倒卵形，花期 4 ~ 5 月，球果 9 ~ 10 月成熟。

【地理分布】我国特有树种，产四川西部、青海东部、甘肃东南部和陕西西南部海拔 1600 ~ 3800m 地带。

【繁殖方法】播种繁殖。

【园林应用】枝叶茂密，苍翠壮丽，下枝能长期存在。园林中宜孤植、群植或作山地风景林树种。

华北落叶松

Larix principis-rupprechtii Mayr.

落叶松属

【识别要点】落叶乔木，高达 30m。树冠圆锥形。具长枝和距状短枝。大枝平展，小枝不下垂或枝梢略垂。1 年生枝淡黄褐色或淡褐色，径 1.5 ~ 2.5mm，微有白粉；短枝径 3 ~ 4mm。叶条形，在长枝上螺旋状着生，在短枝上簇生。叶长 2 ~ 3cm，宽约 1mm。雌雄球花单生。球果长卵形或卵圆形，长 2 ~ 4cm，径约 2cm；种鳞宿存，几不张开，背面光滑无毛，边缘不反曲。

【地理分布】分布于河北和山西等地，辽宁、内蒙古、山东、甘肃、新疆等地有引种栽培。

【繁殖方法】播种繁殖。

【园林应用】树冠整齐，叶轻柔而潇洒，可形成优美的风景林。

二、 松科

落叶松

Larix gmelinii(Rupr.)Rupr. 落叶松属

【识别要点】落叶乔木，高达 30m；树皮暗灰色或灰褐色。1 年生枝较细，径约 1mm，淡黄色，基部常有长毛；短枝径 2 ~ 3mm。叶倒披针状条形，长 1.5 ~ 3cm，宽不足 1mm，先端钝尖，上面平。球果卵圆形，长 1.5 ~ 2.5cm，径 1 ~ 2cm，熟时上端种鳞张开，边缘不反曲；苞鳞先端长尖，不露出。花期 5 ~ 6 月，球果 9 月成熟。

【地理分布】分布于东北大兴安岭、小兴安岭及内蒙古东部至俄罗斯叶尼塞河东部的西伯利亚一带，垂直分布海拔 300 ~ 1200m。人工林遍及东北和华北山区。

【繁殖方法】播种繁殖。

【园林应用】东北地区和华北地区重要的造林树种，也是优良的山地风景林树种。

日本落叶松

Larix kaempferi (Lamb.)Carr. 落叶松属

【识别要点】落叶乔木，高达 35m，树皮暗灰褐色。1 年生枝紫褐色，有白粉，幼时被褐色毛，径约 1.5mm。叶长 2 ~ 3cm，宽约 1mm。球果广卵圆形或圆柱状卵形，长 2 ~ 3.5cm，径 1.8 ~ 2.8cm；种鳞卵状长方形或卵状方形，紧密，边缘波状，显著外曲；苞鳞不露出。

【地理分布】原产日本，我国东北、华北、西北、西南等地引种，生长良好。

【繁殖方法】播种繁殖。

【园林应用】同华北落叶松。

金钱松

Pseudolarix amabilis (Nelson.)Rehd. 金钱松属

【识别要点】落叶乔木，高达 50m。树冠宽塔形。树皮深褐色，鳞片状深裂。大枝不规则轮生，有长枝和距状短枝。叶条形，柔软，宽达 2 ~ 4mm；在长枝上螺旋状排列，在短枝上 15 ~ 30 枚簇生，呈辐射状平展。球花生于短枝顶端，雄球花簇生，雌球花单生。球果直立，当年成熟；种鳞木质，脱落。花期 4 ~ 5 月，球果 10 ~ 11 月成熟。

【地理分布】分布于长江中下游以南低海拔温暖地带。华北南部常栽培。

【繁殖方法】播种繁殖。

【园林应用】世界五大公园树种之一。适于配植在池畔、溪旁、瀑口、草坪一隅，孤植或丛植，也可作行道树，大型公园和风景区内宜群植成林。

雪松

Cedrus deodara (Roxb.)G. Don 雪松属

【识别要点】常绿近平展。有长枝（叶在上面螺旋状）和距状短枝（叶在上面簇生）。1 年生长枝淡灰黄色，密生短绒毛。叶三棱状针形，坚硬，长 2.5 ~ 5cm。雌雄异株，球花单生。球果直立，长 7 ~ 12cm，2 ~ 3 年成熟；种鳞木质，扇状倒三角形，脱落。花期 10 ~ 11 月，球果翌年 10 月成熟。

【地理分布】原产喜马拉雅山西部及喀喇昆仑山海拔 1200 ~ 3300m 地带，我国西藏西南部有天然林。国内各地普遍栽培。

【繁殖方法】播种、扦插或嫁接繁殖。

【园林应用】世界五大公园树种之一，树体高大，树形优美，最适宜孤植于草坪、广场、建筑前庭中心、大型花坛中心，或对植于建筑物两旁或园门入口处；也可丛植、片植，一般不宜和其他树种混植。

二、 松科

白皮松

Pinus bungeana Zucc. ex Endl.　　松属

【识别要点】常绿乔木，主干显著或从基部分成数干。树冠阔圆锥形；树皮片状剥落，内皮乳白色。鳞叶（原生叶）在长枝螺旋状排列；针叶（次生叶）3 针一束，生于鳞叶腋部不发育的短枝顶端，粗硬，基部的叶鞘早落。球果卵圆形，长 5 ~ 7cm，鳞盾近菱形，鳞脐背生，具三角状短尖刺。花期 4 ~ 5 月，球果翌年 10 ~ 11 月成熟。

【地理分布】我国特产，分布于陕西、山西、河南、甘肃南部、四川北部和湖北西部。辽宁以南至长江流域各地广为栽培。

【繁殖方法】播种繁殖。

【园林应用】珍贵观赏树种，可与假山、岩洞、竹类植物配植，又可孤植、丛植、群植于山坡草地，或列植、对植。

日本五针松

Pinus parviflora Sieb. et Zucc.　　松属

【识别要点】常绿乔木，树体较矮小，树冠圆锥形。树皮灰黑色，不规则鳞片状剥裂。小枝密生淡黄色柔毛。针叶 5 针一束，蓝绿色，长 3.5 ~ 5.5cm；树脂道 2，边生；叶鞘早落。球果卵圆形或卵状椭圆形，长 4 ~ 7.5cm；种鳞长圆状倒卵形，鳞脐凹下。

【地理分布】原产日本，华东和华北南部栽培。

【繁殖方法】播种繁殖。

【园林应用】珍贵园林树种，尤适于小型庭院，常孤植、丛植。也是著名的盆景材料。

华山松

Pinus armandii Franch.　　松属

【识别要点】常绿乔木。树冠广圆锥形。树皮灰绿色；小枝平滑无毛；针叶5针一束，细柔，长8～15cm，径约1～1.5mm，树脂道3，中生或边生，叶鞘早落。球果圆锥状长卵形，长10～20cm，径5～8cm，成熟时种鳞张开，种鳞先端不反曲。种子近无翅。

【地理分布】分布于我国中部、西南及台湾，华北常栽培。

【繁殖方法】播种繁殖。

【园林应用】树体高大挺拔，针叶苍翠，孤植、丛植、列植或群植均可，用作园景树、行道树或庭荫树。

红松

Pinus koraiensis Sieb. et Zucc.　　松属

【识别要点】常绿乔木。树冠卵状圆锥形；树皮灰褐色，内皮红褐色，鳞片状脱落。1年生枝密生锈褐色绒毛。针叶5针一束，长6～12cm；树脂道3，中生；叶鞘早落。球果长9～14cm；熟时种鳞不张开，种鳞先端向外反曲，鳞脐顶生；种子倒卵形，无翅。花期5～6月；球果次年9～11月成熟。

【地理分布】分布于东北长白山及小兴安岭；俄罗斯、朝鲜和日本北部也有分布。

【繁殖方法】播种繁殖。

【园林应用】树形雄伟高大，是东北地区森林风景区重要造林树种，也常植于庭园观赏。

油松

Pinus tabulaeformis Carr.　　松属

【识别要点】常绿乔木，高达25m。树冠广卵形，老树呈平顶状；树皮灰褐色，不规则块片剥落，裂缝及上部树皮红褐色。1年生枝较粗，褐黄色，无毛。冬芽红褐色，圆柱形。针叶2针一束，粗硬，长10 ~ 15cm，树脂道5 ~ 10，边生。球果卵圆形，长4 ~ 9cm，熟时淡褐色。鳞盾扁菱形肥厚隆起，微具横脊，鳞脐凸起有刺。花期4 ~ 5月，球果翌年9 ~ 10月成熟。

【地理分布】分布于东北南部、华北、西北，园林中常见栽培。

【繁殖方法】播种繁殖。

【园林应用】树干挺拔苍劲，园林既可孤植、丛植、对植，也可群植成林。小型庭院中多孤植或丛植，并配以山石，在大型风景区内是重要的造林树种。

黑松

Pinus thunbergii Parl.　　松属

【识别要点】常绿乔木。树冠狭圆锥形，老时呈伞形；树皮黑灰色；小枝淡褐黄色，粗壮。冬芽银白色，圆柱形。针叶2针一束，粗硬，长6 ~ 12cm，径1.5 ~ 2mm；树脂道6 ~ 11，中生，叶先端针刺状。球果圆锥形，长4 ~ 6cm，熟时褐色，鳞盾微肥厚，横脊显著，鳞脐微凹有短刺。

【地理分布】原产日本及朝鲜，我国东部各地栽培。

【繁殖方法】播种繁殖。

【园林应用】同油松。此外，黑松耐海潮风，为著名的海岸绿化树种。

赤松

Pinus densiflora Sieb. et Zucc. 松属

【识别要点】常绿乔木。树冠圆锥形或伞形；树皮橙红色，呈不规则鳞状薄片脱落；冬芽红褐色。1年生枝橙黄色，略有白粉。针叶2针一束，长8～12cm，比黑松、油松细软。树脂道4～6（9），边生。球果卵圆形或卵状圆锥形，长3～5.5cm；种鳞较薄，鳞盾扁菱形，较平。

【品　　种】千头赤松‘Umbraculifera’，丛生大灌木，树冠呈圆顶伞形。

【地理分布】分布于我国北部沿海至长白山和黑龙江东部，各地常见栽培。

【繁殖方法】播种繁殖。

【园林应用】树皮橙红，斑驳可爱，幼时树形整齐，老时虬枝蜿垂，是优良观赏树木。适于对植或草坪中孤植、丛植，也适于与假山、岩洞、山石相配。

樟子松（獐子松）

Pinus sylvestris L. var. *mongolica* Litv. 松属

【识别要点】常绿乔木。树皮下部黑褐色，上部黄褐色，鳞片状开裂；1年生枝淡黄褐色，无毛。冬芽褐色或淡黄褐色。针叶2针1束，粗硬，常扭转，长4～9cm，树脂道6～11，边生。球果长卵形，长3～6cm，淡褐灰色，鳞盾长菱形，鳞脊呈四条放射线，肥厚，特别隆起，向后反曲，鳞脐疣状凸起，具易脱落短刺。花期5～6月，球果翌年9～10月成熟。

【地理分布】分布于黑龙江大兴安岭、海拉尔以西和以南沙丘地带。东北地区和华北部分地区栽培。

【繁殖方法】播种繁殖。

【园林应用】树干端直高大，枝条开展，枝叶四季常青，为优良的庭园观赏绿化树种，也是东北地区用材林、防护林和“四旁”绿化的理想树种，防风固沙效果显著。

三、 杉科 Taxodiaceae

营养器官检索表

1. 叶和种鳞均为螺旋状着生
 2. 常绿性，叶钻形而硬，螺旋状排列并略呈 6 列
  3. 叶微内曲；种鳞约 20 枚，发育种鳞具 2 粒种子……………………… 柳杉 *Cryptomeria fortunei*
  3. 叶直伸，通常不内曲；种鳞 20 ～ 30 枚，发育种鳞具种子 2 ～ 5 粒…………………………………………………………………………… 日本柳杉 *Cryptomeria japonica*
 2. 落叶或半常绿，叶条形、柔软，长 1.0 ～ 1.5cm……………………… 落羽杉 *Taxodium distichum*
1. 叶对生，条形，长 1 ～ 3.5cm，排成 2 列呈羽毛状，冬季与无芽小枝同落…………………………………………………………………………… 水杉 *Metasequoia glyptostroboides*

柳杉

Cryptomeria fortunei Hooibrenk ex Otto et Dietr. 柳杉属

【识别要点】常绿乔木，树冠圆锥形。树皮红褐色，长条片状脱落；叶钻形，螺旋状排列，略成 5 行，微内曲，长 1 ～ 1.5cm，幼树及萌枝之叶长达 2.4cm，四面有气孔线。雄球花单生小枝顶部叶腋，多数密集成穗状；雌球花单生枝顶。珠鳞与苞鳞合生，仅先端分离。球果球形，径 1.2 ～ 2cm；种鳞约 20 枚，上部多 4 ～ 5 裂齿；发育种鳞具 2 粒种子。花期 4 月，球果 10 月成熟。

【地理分布】分布于长江流域及其以南地区，华北南部栽培。

【繁殖方法】播种、扦插繁殖。

【园林应用】树姿雄伟，庭院和公园中最适于列植、对植，或于风景区内大面 成林，也是适宜的高篱材料，可供隐蔽和防风之用。

【相近种类】日本柳杉 *Cryptomeria japonica*（L. f.）D. Don.

落羽杉（落羽松）

Taxodium distichum (L.)Rich.

落羽杉属

【识别要点】落叶乔木，干基常膨大，具膝状呼吸根。1 年生小枝褐色；着生叶片的侧生小枝排成 2 列，冬季与叶俱落。叶条形、扁平，长 1.0 ～ 1.5cm，螺旋状着生，基部扭转成羽状。雄球花集生枝顶；雌球花单生去年枝顶。球果圆球形，径约 2.5cm。花期 3 月，球果 10 月成熟。

【地理分布】原产北美东南部，华东和华北南部常见栽培。

【繁殖方法】播种、扦插繁殖。

【园林应用】树形壮丽，性好水湿，常有奇特的屈膝状呼吸根伸出地面，新叶嫩绿，入秋变为红褐色，是著名园林树种。适于水边、湿地造景，也是优良的公路树、农田林网树种。

水杉

Metasequoia glyptostroboides Hu et Cheng

水杉属

【识别要点】落叶乔木，高达 40m；幼时树冠尖塔形，后变为圆锥形。树皮灰褐色，长条片脱落；大枝近轮生；冬芽显著。小枝、侧芽、芽鳞、叶、雄蕊、珠鳞均对生。叶条形，长 0.8 ～ 3.5cm，排成 2 列，冬季与侧生无芽小枝一同脱落。雄球花单生于去年生枝侧，排成圆锥花序状；雌球花单生枝顶。球果近球形，具长梗；种鳞木质，盾状，发育种鳞具种子 5 ～ 9 粒。种子扁平，有狭翅。花期 2 ～ 3 月，球果 10 ～ 11 月成熟。

【地理分布】我国特产，分布于湖北、重庆、湖南交界处。我国自东北南部以南各地广植。

【繁殖方法】播种、扦插繁殖。

【园林应用】著名的孑遗植物，树姿优美挺拔，叶色翠绿鲜明，秋叶棕褐色，最宜列植堤岸、溪边、池畔，群植在公园绿地低洼处或成片与池杉混植，均可构成园林佳景，并兼有固堤护岸、防风效果。

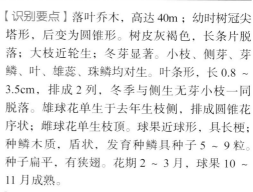

四、 柏科 Cupressaceae

营养器官检索表

1. 小枝扁平，排成一个平面，叶多为鳞形，贴生于小枝上
 2. 生鳞叶的小枝两面的鳞叶同色
  3. 乔木，有明显的主干
   4. 树冠开展，鳞叶绿色……………………………………………………侧柏 *Platycladus orientalis*
   4. 树冠塔形，鳞叶金黄色………………………………金塔柏 *Platycladus orientalis* 'Beverleyensis'
  3. 丛生灌木，无有明显的主干
   5. 鳞叶绿色……………………………………………………千头柏 *Platycladus orientalis* 'Sieboldii'
   5. 鳞叶金黄色………………………………………金黄球柏 *Platycladus orientalis* 'Semperaurescens'
 2. 生鳞叶的小枝两面的鳞叶同色
  6. 生鳞叶的小枝下面有白粉，至少部分有
   7. 鳞叶先端钝
    8. 鳞叶绿色
     9. 生鳞叶的小枝自然开展……………………………………………日本扁柏 *Chamaecyparis obtusa*
     9. 生鳞叶的小枝排成规则的云片状…………………云片柏 *Chamaecyparis obtusa* 'Breviramea'
    8. 鳞叶金黄色，至少幼时金黄色，生鳞叶的小枝排成规则的云片状………………洒金云片柏 *Chamaecyparis obtusa* 'Breviramea Aurea'
   7. 鳞叶先端尖
     10. 树冠外部末端小枝不下垂……………………………………日本花柏 *Chamaecyparis pisifera*
     10. 树冠外部末端小枝细长下垂……………………………线柏 *Chamaecyparis pisifera* 'Filifera'
  6. 生鳞叶的小枝下面颜色较浅，黄绿色；中生鳞叶有透明油腺点……………………………………………………………………………………………………北美香柏 *Thuja occidentalis*
1. 小枝不扁平，不排成一个平面
 11. 叶多为鳞形叶
  12. 鳞叶先端锐尖或微钝，刺叶对生
   13. 乔木，小枝直展或斜展…………………………………………………铅笔柏 *Sabina virginiana*
   13. 匍匐灌木，高不及 1m，稀为直立灌木 ……………………………………砂地柏 *Sabina vulgaris*
  12. 鳞叶先端较钝，刺叶 3 枚轮生
   14. 鳞叶绿色
    15. 乔木或小乔木，有明显主干
     16. 树冠圆锥形，老则开阔；小枝正常伸展…………………………………圆柏 *Sabina chinensis*
     16. 树冠较狭窄；小枝螺旋状扭向一方；鳞叶密生…………龙柏 *Sabina chinensis* 'Kaizuca'
    15. 灌木，主干或主枝横卧
     17. 大枝斜上上展………………………………………………鹿角桧 *Sabina chinensis* 'Pfitzriana'
     17. 大枝就地平展………………………………匍地龙柏 *Sabina chinensis* 'Kaizuca Procumbens'

14. 部分枝梢鳞叶金黄色……………………………………金球桧 *Sabina chinensis* 'Aureoglobosa'

11. 叶全为刺叶，或多为刺叶

18. 刺叶基部无关节，下延生长

19. 刺叶条状披针形、硬，对生或 3 ~ 4 个轮生

20. 乔木，主干明显，树冠圆锥形…………………………………………圆柏 *Sabina chinensis*

20. 灌木，主干不明显或甚短

21. 直立灌木，刺叶粉绿色………………………………粉柏 *Sabina squamata* 'Meyeri'

21. 匍匐灌木

22. 叶一型，刺形，绿色、有白粉……………………………铺地柏 *Sabina procumbens*

22. 叶二型，刺叶出现在幼树上；壮龄树几全为鳞叶………………砂地柏 *Sabina vulgaris*

19. 刺叶近条形、柔软，4 ~ 5 个轮生，长 6 ~ 8mm，下面有白粉……绒柏 *Chamaecyparis pisifera* 'Squarrosa'

18. 刺叶基部有关节，不下延生长；叶上面深凹成 V 形槽，槽内有一条窄的白色气孔带………………………………………………………………………………杜松 *Juniperus rigida*

侧柏

Platycladus orientalis (L.)Franco.　　侧柏属

【识别要点】常绿乔木，高达 20m。树冠尖塔形，老树为圆锥形或扁圆球形。老树干多扭转。生鳞叶的小枝扁平、排成平面，直立或斜展；叶鳞形，交互对生，灰绿色，长 1 ~ 3mm，先端微钝。球花单生于小枝顶端。种鳞木质，背部中央有一反曲的钩状尖头。种子无翅。花期 3 ~ 4 月，球果 9 ~ 10 月成熟。

【品　　种】千头柏 'Sieboldii'，丛生灌木，树冠呈紧密卵圆形至扁球形。金塔柏 'Beverleyensis'，树冠塔形，叶金黄色。金黄球柏 'Semperaurescens'，又名金叶千头柏，矮型紧密灌木，树冠近于球形，枝端之叶金黄色。

【地理分布】分布于东北、华北，经陕、甘，西南达川、黔、滇。现栽培几遍全国。

【繁殖方法】播种繁殖。

【园林应用】自古以来即栽植于寺庙、陵墓和庭院中。孤植、丛植或列植均可；也做绿篱材料和山地造林树种。

四、　柏科

北美香柏

Thuja occidentalis L.　　崖柏属

【识别要点】常绿乔木或有时灌木状；树冠狭圆锥形。生鳞叶的小枝扁平、排成平面。鳞叶交叉对生，长 1.5 ~ 3mm，中生鳞叶尖头下方有圆形透明腺点。球花单生枝顶。球果长圆形，长 8 ~ 13mm，种鳞扁平、薄，近革质；种子两侧有翅。

【地理分布】原产北美，常生于含石灰质的湿润地区。北京以南各城市有栽培。

【繁殖方法】播种繁殖。

【园林应用】树形端庄，给人以庄重之感，适于规则式园林应用，可沿道路、建筑等处列植，也可丛植和群植；如修剪成灌木状，可植于疏林下，或作绿篱和基础种植材料。

日本扁柏

Chamaecyparis obtusa (Sieb. et Zucc.)Endl.　　扁柏属

【识别要点】常绿乔木，在原产地高达 40m。树冠尖塔形。叶鳞形，生鳞叶的小枝扁平、排成平面，背面有不明显白粉；鳞叶长 1 ~ 1.5mm，肥厚，先端钝，紧贴小枝。雌雄同株，球花单生枝顶，雌球花具 4 对珠鳞。球果球形，当年成熟，径 8 ~ 12mm，种鳞 4 对，种子近圆形，两侧有窄翅。花期 4 月，球果 10 ~ 11 月成熟。

【品　种】云片柏‘Breviramea’，小乔木，生鳞叶的小枝排成规则的云片状。洒金云片柏‘Breviramea Aurea’，与云片柏相似，但顶端鳞叶金黄色。

【地理分布】原产日本。华东各城市均有栽培。

【繁殖方法】播种繁殖。

【园林应用】树形端庄，枝叶多姿，园林中孤植、列植、丛植、群植均适宜，也可用于风景区造林，经整形修剪也是适宜的绿篱材料。

【相近种类】日本花柏 *Chamaecyparis pisifera* (Sieb. et Zucc.) Endl.，品种线柏‘Filifera’，绒柏‘Squarrosa’。

圆柏（桧柏）

Sabina chinensis (L.)Ant.

圆柏属

【识别要点】常绿乔木；冬芽不显著；树冠尖塔或圆锥形，老则呈广卵形、球形或钟形。树皮灰褐色，叶二型：鳞叶交互对生，先端钝尖，生鳞叶的小枝径约 1mm；刺叶常 3 枚轮生，长 6 ~ 12mm，下延生长。球花单生枝顶。球果呈浆果状，种鳞肉质合生，翌年成熟，近球形，径 6 ~ 8mm，熟时暗褐色，被白粉。

【品　　种】龙柏 'Kaizuca'，树冠较狭，侧枝螺旋状向上抱合；鳞叶密生，无或偶有刺形叶。金龙柏 'Kaizuca Aurea'，与龙柏相近，但枝端之叶金黄色。匍地龙柏 'Kaizuca Procumbens'，无直立主干，大枝就地平展。金球桧 'Aureoglobosa'，绿叶丛中杂有金黄色枝叶。鹿角桧 'Pfitzriana'，主干不发育，大枝自地面向上伸展。

【地理分布】华北各省，南达两广北部，西至四川、云南、贵州均有分布。

【繁殖方法】播种、扦插、嫁接繁殖。

【园林应用】著名园林绿化树种，在公园、庭院中普遍应用，列植、丛植、群植均适，耐修剪而且耐荫，也是优良绿篱材料。

【相近种类】铅笔柏 *Sabina virginiana*（L.）Ant.

砂地柏

Sabina vulgaris Ant. 圆柏属

【识别要点】常绿匍匐灌木，高不及1m，稀直立。枝斜上伸展。叶2型：刺叶出现在幼树上，稀在壮龄树上与鳞叶并存，长3 ~ 7mm，中部有腺体；壮龄树几全为鳞叶，长1 ~ 2.5mm，背面有明显腺体。球果生于下弯的小枝顶端，蓝黑色。

【地理分布】分布于西北和内蒙古等地，华北各地常见栽培。

【繁殖方法】播种、扦插繁殖。

【园林应用】可作园林中的护坡、地被材料，也是优良的水土保持和固沙树种。

【相近种类】铺地柏 *Sabina procumbens* (Endl.) Iwata et Kusaka.

粉柏（翠柏）

Sabina squamata (Buch.-Ham.)Ant. 'Meyeri' 圆柏属

【识别要点】常绿灌木，高1 ~ 3m。小枝密生，叶全为刺形。刺叶排列紧密，条状披针形，长6 ~ 10mm，3叶轮生，两面被白粉，呈翠绿色。球果卵圆形，径约6mm，种子1粒。

【地理分布】为高山柏 *Sabina squamata* 的品种，黄河流域至长江流域常栽培观赏。

【繁殖方法】扦插、嫁接繁殖。

【园林应用】树冠浓郁，叶色翠蓝，是优良的庭院观赏树种，适合孤植或丛植，也是常用的盆景材料。

杜松

Juniperus rigida Sieb. et Zucc.　　刺柏属

【识别要点】常绿小乔木，高达10m，常多干并生。冬芽显著。枝近直展，树冠圆柱形、塔形或圆锥形。小枝下垂。全为刺叶，3叶轮生基部有关节，不下延生长；刺叶坚硬，先端锐尖，长1.2 ~ 1.7cm，上面深凹成槽，槽内有一条窄的白粉带，背面有明显纵脊。球花单生叶腋，雌球花具3枚珠鳞，胚珠3，生于珠鳞之间。球果呈浆果状，种鳞肉质、合生。种子通常3。

【地理分布】分布于东北、华北、西北等地；朝鲜、日本也有分布。常栽培观赏。

【繁殖方法】播种繁殖。

【园林应用】树冠塔形或圆柱形，姿态优美，适于庭园和公园中对植、列植、孤植、群植。

五、三尖杉科 Cephalotaxaceae

粗榧

Cephalotaxus sinensis (Rehd. et Wils.)Li　　三尖杉属

【识别要点】常绿灌木或小乔木；小枝常对生。叶条形，螺旋状着生，侧枝之叶基部扭转排成2列，长2 ~ 5cm，宽约3mm，上面中脉隆起，下面有两条白粉气孔带，较绿色边带宽2 ~ 4倍。雄球花6 ~ 11聚生成头状。种子核果状，卵球形，假种皮几乎全包种子，顶端中央有尖头。

【地理分布】分布于长江流域及其以南，在北京适宜小气候环境可露地越冬。

【繁殖方法】播种繁殖。

【园林应用】成片配植于其他树群的边缘或沿草地、建筑周围丛植。叶、枝、种子、根可提取多种植物碱，对治疗白血病及淋巴肉瘤等有一定的疗效。

六、 红豆杉科 Taxaceae

营养器官检索表

1. 侧枝不规则互生，叶螺旋状排列，上面中脉隆起……………………………………紫杉 *Taxus cuspidata*
1. 侧枝近对生或轮生，叶交互对生，上面中脉不明显或微明显…………日本榧树 *Torreya nucifera*

紫杉（东北红豆杉）

Taxus cuspidata Sieb. et Zucc.　　红豆杉属

【识别要点】常绿乔木，树冠阔卵形；树皮赤褐色。小枝不规则互生。1 年生小枝绿色，秋后淡红褐色。叶条形，直或微弯，长 1 ~ 2.5cm，宽 2.5 ~ 3mm，在主枝上螺旋状排列，在侧枝上呈不规则 2 列，下面有 2 条淡黄绿色气孔带。球花单生叶腋。种子卵圆形，假种皮红色，杯状。花期 5 ~ 6 月，种熟期 9 ~ 10 月。

【地理分布】分布于我国东北地区；日本、朝鲜、俄罗斯也有分布。

【繁殖方法】播种或嫩枝扦插。

【园林应用】枝叶茂密，树冠阔卵形或倒卵形，园林中可孤植、丛植和群植，或用于岩石园、高山植物园，也可修剪成型。性耐阴，适于用作树丛之下木。

日本榧树

Torreya nucifera (L.)Sieb. et Zucc.　　　　榧属

【识别要点】常绿乔木，树冠卵形；树皮灰褐色或淡红褐色，幼树平滑。小枝近对生。1 年生小枝绿色，2 年生枝绿色或淡红褐色，3 ~ 4 年生枝条红褐色或微带紫色，有光泽。叶条形，交互对生，长 2 ~ 3cm，宽 2.5 ~ 3mm，先端有刺状长尖头，上面微拱圆，下面气孔带黄白色或淡褐黄色，上面中脉不明显。种子椭圆状倒卵圆形，假种皮紫褐色，长 2.5 ~ 3.2cm，径 1.3 ~ 1.7cm。花期 4 ~ 5 月；种子翌年 10 月成熟。

【地理分布】原产日本。青岛、南京、上海、杭州等地引种栽培。

【繁殖方法】播种或嫩枝扦插。

【园林应用】供庭院观赏，可孤植、丛植和群植。

七、麻黄科 Ephedraceae

木贼麻黄

Ephedra equisetina Bunge　　　　麻黄属

【识别要点】灌木，高约 1m；茎直立，多分枝。小枝对生或轮生，绿色，圆筒状，具节；径约 1mm，节间长 1.5 ~ 2.5cm，有不明显纵槽，灰绿或蓝绿色。叶膜质鞘状，略带紫红色，下部 3/4 合生，先端 2 裂。雄球花单生或 3 ~ 4 个簇生节部；雌球花 2 个对生，成熟时苞片红色、肉质。种子常单生，长圆形。花期 5 ~ 7 月；种子 8 ~ 9 月成熟。

【地理分布】分布于我国北部和西部；俄罗斯和蒙古也产。常生于干旱或半干旱地区的山顶、山脊以及多石山坡和荒漠。各地植物园中多有引种栽培。

【繁殖方法】播种繁殖。

【园林应用】株形特别，与蕨类植物的木贼和被子植物的木麻黄相似，茎枝绿色，四季常青，雌球花成熟时苞片呈红色而肉质，可栽培观赏，用作地被或固沙植物。

【相近种类】草麻黄 *Ephedra sinica Stapf.*

八、 木兰科 Magnoliaceae

营养器官检索表

1. 叶全缘，稀先端凹缺而呈 2 裂状
 2. 常绿乔木，小枝、叶下面、叶柄密被褐色短绒毛；叶厚革质，长 10 ~ 20cm………… 广玉兰 *Magnolia grandiflora*
 2. 落叶性
  3. 花开于叶前；冬芽有 2 枚芽鳞状托叶
   4. 小枝绿色，叶长圆状披针形，长 10 ~ 18cm，基部楔形，侧脉 10 ~ 15 对……… 望春玉兰 *Magnolia biondii*
   4. 小枝多为紫褐色、灰褐色或淡黄褐色
    5. 乔木或小乔木，主干明显；叶一般为倒卵形
     6. 幼枝被柔毛；花被片极相似，9 枚
      7. 花被片白色………………………………………………………………… 白玉兰 *Magnolia denudata*
      7. 花被片背面紫红色，里面淡红色……………… 紫花玉兰 *Magnolia denudata* ‘Purpurescens’
     6. 嫩枝及芽近无毛或微被毛；花被片 6 ~ 9，外轮明显较小或萼片状 …………… 二乔玉兰 *Magnolia soulangeana*
    5. 丛生灌木，小枝紫褐色；叶椭圆形或倒卵状长椭圆形；花瓣 6，紫色，花萼 3，黄绿色·……………………………………………………………………… 紫玉兰 *Magnolia liliflora*
  3. 花于叶后开放；冬芽有 1 枚芽鳞状托叶
   8. 叶长 23 ~ 45cm，集生枝顶，侧脉 20 ~ 30 对；花生于枝顶
    9. 叶先端钝圆……………………………………………………………… 厚朴 *Magnolia officinalis*
    9. 叶先端浅裂……………………………………………… 凹叶厚朴 *Magnolia officinalis* subsp. *biloba*
   8. 叶不集生枝顶，长 6 ~ 12cm，侧脉 6 ~ 8 对；花与叶对生……… 天女花 *Magnolia sieboldii*
1. 叶通常 4 ~ 6 裂，形似马褂，先端平截
 10. 叶每边 1 个裂片，老叶背面有乳头状白粉点；花丝长约 0.5cm ………… 鹅掌楸 *Liriodendron chinense*
 10. 叶片两侧各有 2 ~ 3 个裂片，老叶背面无白粉点，花丝长 1 ~ 1.5cm…………… 美国鹅掌楸 *Liriodendron tulipifera*

白玉兰（玉兰）

Magnolia denudata Desr.

木兰属

【识别要点】落叶乔木，高达 15m。花芽大而显著、密毛。单叶互生，全缘，倒卵状椭圆形，长 10 ~ 15cm，先端突尖。花单生枝顶，先叶开放；花被片 9 片，相似，白色；雄蕊群和雌蕊群相接，雄蕊多数，花丝扁平；离心皮雌蕊多数，胚珠 2 枚。聚合蓇葖果圆柱形，蓇葖沿背缝开裂，种子红色。花期 3 ~ 4 月。

【品　　种】紫花玉兰 'Purpurescens'，又名应春花，花被片背面紫红色，里面淡红色。易与紫玉兰相混，但树体较高大，花被片 9 枚，均为紫色。

【地理分布】分布于我国中部，现广为栽培。

【繁殖方法】播种繁殖。

【园林应用】树体高大，花大而洁白、芳香，开花时极为醒目，是著名早春花木。适于建筑前列植或在入口处对植，也可孤植、丛植于草坪或常绿树前。

紫玉兰（辛夷、木兰）

Magnolia liliflora Desr.

木兰属

【识别要点】落叶大灌木，高达 3 ~ 5m。小枝紫褐色，无毛。单叶互生，全缘，叶片椭圆形或倒卵状长椭圆形，长 10 ~ 18cm，先端渐尖。花单生枝顶，先叶开放；花瓣 6，外面紫色，内面浅紫色或近白色；花萼 3，黄绿色，早落。花期 3 ~ 4 月；果期 9 ~ 10 月。

【地理分布】原产我国中部，各地常见栽培。

【繁殖方法】播种、分株繁殖。

【园林应用】为庭园珍贵花木，株形低矮，特别适于庭院之窗前、草地边缘、池畔丛植、孤植。可作为嫁接白玉兰和二乔玉兰等木兰科植物的砧木。

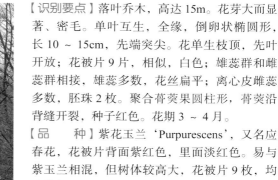

八、 木兰科

二乔玉兰

Magnolia×*soulangeana*（Lindl.）Soul.-Bod. 木兰属

【识别要点】落叶小乔木或大灌木，高 6 ~ 10m。叶片倒卵形，下面多少有细毛。花大，钟状，径约 10cm，芳香；花萼 3，呈花瓣状，长约为花瓣的 1/2 或近于等长，或有时小型、绿色；花瓣 6 片，长倒卵形，先端钝圆或尖，基部较狭，外面基部为淡紫红色，上部及边缘多为白色，里面为白色。聚合蓇葖果，圆筒形，种子红色。

【地理分布】是白玉兰和紫玉兰的杂交种，国内外庭园中均常见栽培。

【繁殖方法】嫁接繁殖。

【园林应用】同白玉兰。

望春玉兰（望春花）

Magnolia biondii Pamp. 木兰属

【识别要点】落叶小乔木。小枝暗绿色。叶长圆状披针形，长 10 ~ 18cm，宽 3.5 ~ 6cm，先端急尖，基部楔形，侧脉 10 ~ 15 对。花先叶开放，花被片 9，外轮 3，萼片状，近条形，长约 1cm；内两轮近匙形，长 4 ~ 5cm，宽 1.3 ~ 1.5cm，内轮较小，白色，外面基部带紫红色。蓇葖黑色，密生突起瘤点。花期 3 月。

【地理分布】分布于甘肃、陕西、河南、湖北、湖南、四川等地，常见栽培。

【繁殖方法】播种繁殖。

【园林应用】同白玉兰。

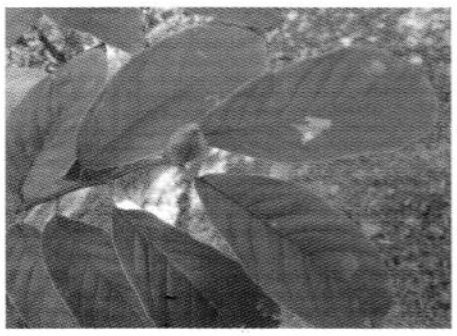

天女花

Magnolia sieboldii K. Koch.

木兰属

【识别要点】落叶小乔木，高达 10m。小枝及芽有柔毛，冬芽有 1 枚芽鳞状托叶。叶宽倒卵形，长 9 ~ 13cm，宽 4 ~ 9cm，先端突尖，下面有短柔毛和白粉。花在新枝上与叶对生，直径 7 ~ 10cm，花梗长 3 ~ 7cm，下垂；花被片 9，外轮淡粉红色，其余白色。聚合果狭椭圆形，长 5 ~ 7cm，成熟时紫红色；蓇葖卵形，先端尖。花期 5 ~ 6 月；果期 8 ~ 9 月。

【地理分布】星散分布于吉林、辽宁、山东、安徽、浙江、福建、江西、湖南、贵州、广西等地。

【繁殖方法】播种繁殖。

【园林应用】株形美观，花梗细长，花朵随风飘摆如天女散花，为著名的园林观赏树种。最适于山地风景区应用，也可丛植或孤植于庭院、草坪观赏。

厚朴

Magnolia officinalis Rehd. et Wils.

木兰属

【识别要点】落叶乔木，高达 20m；树皮厚，不开裂，油润而带辛辣味。小枝粗壮；顶芽发达，长达 4 ~ 5cm。叶大，集生枝顶，长圆状倒卵形，长 23 ~ 45cm，宽 10 ~ 20cm，先端圆或钝尖，下部渐狭为楔形，侧脉 20 ~ 30 对，下面被灰色柔毛和白粉；叶柄粗，长 3 ~ 4cm，托叶痕长为叶柄的 2/3。花白色，径 10 ~ 15cm，芳香；花被片 9 ~ 12（17），长 8 ~ 10cm。聚合果圆柱形，长 9 ~ 13cm，蓇葖发育整齐，紧密，先端具突起的喙。花期 5 月，果期 9 ~ 10 月。

【亚　　种】凹叶厚朴 subsp. *biloba*（Rehd. et Wils.）Law，叶先端凹缺成 2 个钝圆裂片。通常叶较小，侧脉较少。

【地理分布】产于秦岭以南多数省区，主产四川、贵州、湖南和湖北。华北南部栽培。

【繁殖方法】播种繁殖。

【园林应用】叶大荫浓，花大而洁白，干直枝疏，可用作行道树及园景树。树皮为常用的重要药材。

广玉兰（荷花玉兰）

Magnolia grandiflora L. 木兰属

【识别要点】常绿乔木，小枝、叶下面、叶柄密被褐色短绒毛。叶厚革质，椭圆形或长圆状椭圆形，长 10 ~ 20cm，宽 4 ~ 9cm，先端钝圆，上面有光泽，下面锈褐色；叶柄无托叶痕。花单生白色，芳香，径 15 ~ 20cm；花被片 9 ~ 12，厚肉质，倒卵形。聚合果短圆柱形，长 7 ~ 10cm，密被灰褐色绒毛。花期 5 ~ 6 月，果期 10 月。

【地理分布】原产北美东南部；长江流域至珠江流域常见栽培，华北南部有少量栽培。

【繁殖方法】播种或嫁接繁殖。

【园林应用】树姿雄伟，叶片光亮浓绿，花朵大如荷花而且芳香馥郁，是优美的庭荫树和行道树。可孤植于草坪、水滨，列植于路旁或对植于门前；在开旷环境也适宜丛植、群植。

鹅掌楸（马褂木）

Liriodendron chinense (Hemsl.)Sarg. 鹅掌楸属

【识别要点】落叶乔木，高达 40m。树冠圆锥形。叶片形似马褂，长 12 ~ 15cm，先端截形或微凹，每边 1 个裂片，向中部缩入，老叶背面有乳头状白粉点；托叶与叶柄离生。花单生枝顶，黄绿色，杯形，径 5 ~ 6cm；花被片花被片 9，近相等，长 3 ~ 3.5cm，花丝长约 0.5cm。聚合果长 7 ~ 9cm。花期 5 ~ 6 月；果 10 月成熟。

【地理分布】分布于华东、华中和西南地区。华北南部常见栽培。

【繁殖方法】播种繁殖。

【园林应用】树形端庄，叶形奇特，花朵淡黄绿色，美而不艳，秋叶金黄，适于孤植、丛植于安静休息区的草坪和大型庭园，或用作宽阔街道的行道树。

【相近种类】美国鹅掌楸 *Liriodendron tulipifera* L.

九、腊梅科 Calycanthaceae

腊梅

Chimonanthus praecox (L.)Link. 蜡梅属

【识别要点】落叶灌木，高达 4m；鳞芽。单叶对生，全缘。叶近革质，椭圆状卵形至卵状披针形，上面有硬毛。花单生于去年生枝的叶腋，先叶开放，芳香，鲜黄色，内层花被片有紫褐色条纹；能育雄蕊 5 ~ 6。聚合瘦果，果托坛状；瘦果长圆形，长 1 ~ 1.3cm，栗褐色。花期（12）1 ~ 3 月，先叶开放；果 9 ~ 10 月成熟。

【变　　种】素心腊梅 var. *concolor* Mak.，花被片全部黄色，无紫斑。磬口腊梅 var. *grandiflora* Mak.，叶长可达 20cm，花径达 3 ~ 3.5cm，外轮花被片淡黄色，内轮花被片有红紫色条纹。

【地理分布】分布于我国中部，现湖北、湖南等省仍有野生；各地普遍栽培。

【繁殖方法】分株、压条、扦插、播种或嫁接繁殖均可。以嫁接为主，分株为次。

【园林应用】我国特有的珍贵花木，花开于隆冬，凌寒怒放，花香四溢。适于孤植或丛植于窗前、墙角、阶下、山坡等处，可与苍松翠柏相配植，也可布置于入口的花台、花池中。

十、樟科 Lauraceae

营养器官检索表

1. 羽状脉
  2. 常绿性，叶片革质
    3. 叶片倒卵形至倒卵状披针形，先端突尖，叶柄紫红色……………………红楠 *Machilus thunbergii*
    3. 叶片狭长，长圆状披针形，先端渐尖，叶缘波状，叶柄不为紫红色…… 月桂 *Laurus nobilis*
  2. 落叶性灌木，叶片椭圆形，纸质，长 4 ~ 9cm，宽 2 ~ 4cm……………山胡椒 *Lindera glauca*
1. 三出脉；小枝红褐色，叶背面密生棕黄色长绢毛…………………………三桠乌药 *Lindera obtusiloba*

十、 樟科

红楠

Machilus thunbergii Sieb. et Zucc. 润楠属

【识别要点】常绿乔木，高达 20m。顶芽大，鳞片多数，覆瓦状排列。小枝粗壮，无毛。叶革质，互生，全缘；倒卵形至倒卵状披针形，长 5 ~ 13cm，宽 2 ~ 4cm，先端突尖，两面无毛，背面有白粉；羽状脉，侧脉 7 ~ 12 对。花两性，圆锥花序，花被片 6，花后宿存并开展或反曲。果扁球形，径 0.8 ~ 1cm，熟时蓝黑色，果柄鲜红色。花期 2 ~ 4 月；果期 9 ~ 10 月。

【地理分布】自山东崂山以南至长江流域、华南、台湾均有分布。

【繁殖方法】播种繁殖。

【园林应用】树形端庄，枝叶茂密，新叶鲜红、老叶浓绿，果梗鲜红色，生于海边者树冠形若灯台，是优良园林观赏树种。宜丛植于草地、山坡、水边，在东部和南部沿海、海岛可作海岸防风林带树种。

月桂

Laurus nobilis L. 月桂属

【识别要点】常绿乔木，高达 12m，易生根蘖，栽培者常呈灌木状；分枝角度较小，树冠长卵形。叶互生，革质，长圆形或长圆状披针形，长 5 ~ 12cm，宽 1.8 ~ 3.2cm，先端渐尖，基部楔形，叶缘波状，网脉明显。雌雄异株，伞形花序，开花前呈球形；苞片 4 枚，近圆形，内面被绢毛；花被片 4，黄色。浆果卵形，暗紫色。花期 3 ~ 5 月；果期 8 ~ 9 月。

【地理分布】原产地中海沿岸各国。国内各地常见地栽培，华北南部偶见露地栽培。

【繁殖方法】扦插或播种繁殖。

【园林应用】著名芳香油树种，树形整齐而狭长、枝叶茂密，春季黄花满树，也是优美观赏树种。可孤植、对植、丛植，也可列植于建筑前作高篱，还可修剪成球体、长方体等几何形体用于草地、公园、街头绿地的点缀。

山胡椒

Lindera glauca (Sieb. et Zucc.)Bl.　　山胡椒属

【识别要点】落叶灌木或小乔木，高达 8m；树皮灰白色，平滑。小枝灰白色，幼时被毛。叶全缘，互生或近对生，近革质，宽椭圆形或倒卵形，长 4 ~ 9cm，宽 2 ~ 4cm，下面苍白色，有灰色柔毛，羽状脉；叶柄长 3 ~ 6mm，幼时被柔毛。雌雄异株；伞形花序腋生，苞片 4；花被裂片椭圆形或倒卵形；花药 2 室。浆果球形，径约 7mm。花期 3 ~ 4 月，果期 7 ~ 9 月。

【地理分布】广泛分布于长江流域及以南地区，也产于甘肃南部、陕西、山西、河南、山东等地。生于山坡灌丛、林缘或疏林中。中南半岛、朝鲜、日本也有分布。

【繁殖方法】播种、分株繁殖。

【园林应用】全株有香气，花朵黄色，可栽培观赏，适于公园和风景区丛植。叶、果含芳香油。

三桠乌药

Lindera obtusiloba Bl.　　山胡椒属

【识别要点】落叶灌木或小乔木，高 3 ~ 10m；树皮黑棕色。小枝黄绿色。叶近圆形或扁圆形，长宽均约 5 ~ 11cm，3 裂或全缘，基部圆形或心形，下面被棕黄色绢毛或近无毛，三出脉，网脉明显；叶柄长 1.5 ~ 2.8cm，被黄白色柔毛。伞形花序 5 ~ 6 个生于总苞内，无总梗，苞片 4，膜质，外被长柔毛；花黄色，花被裂片外被长柔毛。果近球形，长 8mm，暗红色或紫黑色。花期 3 ~ 4 月，果期 8 ~ 9 月。

【地理分布】产于辽宁南部、山东、河南、陕西、江苏、安徽、甘肃、浙江、江西、湖南、湖北、四川、西藏等地，生于海拔 500 ~ 3000m 山坡林内或灌丛中。朝鲜、日本也有分布。

【繁殖方法】播种繁殖。

【园林应用】春天黄花满树，秋叶亮黄色也颇美丽，可植于庭园观赏。

十一、 五味子科 Schisandraceae

北五味子

Schisandra chinensis (Turcz.)Baill. 五味子属

【识别要点】落叶藤本，除幼叶下面被短柔毛外，其余无毛。芽鳞常宿存。幼枝红褐色，老枝灰褐色。叶膜质，宽椭圆形、卵形或倒卵形，长 5 ~ 10cm，宽 3 ~ 5cm，疏生短腺齿；网脉纤细而不明显。花单性，生于叶腋；花白色或粉红色，花被片 6 ~ 9，长圆形；雄蕊 5；心皮 17 ~ 40，柱头鸡冠状。果时花托伸长，聚合果穗状，长 1.5 ~ 8.5cm；小浆果红色，径 6 ~ 8mm。花期 5 ~ 7 月，果期 7 ~ 10 月。

【地理分布】分布于东北亚地区，我国主产东北和华北，常生于海拔 700 ~ 1500m 的阴坡和林下、灌丛中。

【繁殖方法】压条、分株、播种或扦插繁殖

【园林应用】叶片秀丽；花朵淡雅而芳香，果实红艳，是优良的垂直绿化材料，可作篱垣、棚架、门亭绿化材料或缠绕大树、点缀山石。

十二、 毛茛科 Ranunculaceae

营养器官检索表

1. 直立灌木；三出复叶、互生
  2. 二回三出复叶，顶生小叶常分裂，无毛……………………………………………牡丹 *Paeonia suffruticosa*
  2. 一回三出复叶，小叶不分裂，枝叶均被粗毛……………………大叶铁线莲 *Clematis heracleifolia*
1. 木质藤本；二回三出复叶，对生，小叶片 9，卵状披针形或菱状椭圆形………………………………………………………………………………………………大瓣铁线莲 *Clematis macropetala*

牡丹

Paeonia suffruticosa Andr.　　芍药属

【识别要点】落叶灌木，高达2m，肉质根肥大。2回3出复叶互生；小叶广卵形至卵状长椭圆形，先端3～5裂，背面有白粉。花单生枝顶，径10～30cm，苞片叶状，大小不等，常宿存；单瓣或重瓣，花色丰富，有紫、深红、粉红、白、黄、绿等色。聚合蓇葖果长圆形，密生黄褐色硬毛，沿腹缝线开裂。花期4～5月；果期9月。

【地理分布】原产我国西北部，北方各地普遍栽培，以山东菏泽和河南洛阳最为著名。

【繁殖方法】分株、嫁接和播种繁殖。

【园林应用】花大而美，姿、色、香兼备，是我国传统名花，素有“花王”之称。最适于成片栽植，建立牡丹专类园。小型庭院中则适于门前、坡地专设牡丹台、牡丹池。

大叶铁线莲

Clematis heracleifolia DC.　　铁线莲属

【识别要点】落叶灌木，高达1m，有粗大的主根。茎粗壮，密生白色糙毛。三出复叶互生，小叶卵圆形至近圆形，长6～10 cm，宽3～9 cm，下面有曲柔毛；叶柄粗壮，长达15cm。聚伞花序；萼片4，蓝紫色。瘦果卵圆形，宿存花柱长达3cm，有白色长柔毛。花期8～9月。

【地理分布】分布于东北南部、华北、华东至陕西、湖北、湖南，常生于山坡沟谷。日本、朝鲜也有分布。

【繁殖方法】分株繁殖。

【园林应用】株丛自然，花朵蓝紫色，夏秋开花，适于片植为地被，可用于疏林下。

大瓣铁线莲

Clematis macropetala Ledeb. 铁线莲属

【识别要点】落叶木质藤本。二回三出复叶，对生；小叶片 9，纸质，卵状披针形或菱状椭圆形，长 2 ~ 4.5cm，宽 1 ~ 2.5cm，顶端渐尖，基部楔形。花钟状，直径 3 ~ 6cm；萼片 4 枚，蓝色或淡紫色，狭卵形或卵状披针形，长 3 ~ 4cm；退化雄蕊呈花瓣状，与萼片近等长；心皮多数，分离。瘦果倒卵形，长 5mm，宿存花柱长 4 ~ 4.5cm，被灰白色长柔毛。花期 7 月，果期 8 月。

【地理分布】分布于青海、甘肃、陕西、宁夏、山西、河北等地；俄罗斯西伯利亚也有分布。

【繁殖方法】播种繁殖。

【园林应用】花朵大而蓝紫色，花期正值盛夏的少花季节，是优美的园林造景材料，适于点缀棚架、门廊、篱垣。

十三、 小檗科 Berberidaceae

营养器官检索表

1. 单叶，在短枝上簇生；枝条有刺
  2. 叶全缘，或偶上部有锯齿
    3. 叶倒卵形或匙形，长 0.5 ~ 2cm，全缘；花 1 ~ 5 朵组成簇生状伞形花序……小檗 *Berberis thunbergi*
    3. 叶为狭倒披针形，1.5 ~ 4cm，全缘或上部有锯齿；总状花序……细叶小檗 *Berberis poiretii*
  2. 叶缘有刺毛状细锯齿……………………………………阿穆尔小檗 *Berberis amurensis*
1. 羽状复叶，互生，枝条无刺
  4. 一回羽状复叶，小叶边缘常有刺齿
    5. 小叶 3 ~ 9，狭披针形，侧生小叶几等长……………………十大功劳 *Mahonia fortunei*
    5. 小叶 7 ~ 15，卵形或卵状椭圆形，大小不一……………………阔叶十大功劳 *Mahonia bealei*
  4. 二至三回羽状复叶，小叶全缘，椭圆状披针形……………………南天竹 *Nandina domestica*

小檗（日本小檗）

Berberis thunbergii DC.

小檗属

【识别要点】落叶灌木，高 2 ~ 3m。茎的内皮或木质部黄色。小枝红褐色，有沟槽；刺通常不分叉，长 0.5 ~ 1.8cm。单叶互生，或在短枝上簇生。叶片倒卵形或匙形，长 0.5 ~ 2cm，全缘，先端钝，基部急狭；表面暗绿色，背面灰绿色。花浅黄色，1 ~ 5 朵组成簇生状伞形花序。萼片呈花瓣状，花瓣、雄蕊 6，花药瓣裂。浆果椭圆形，长约 1cm，成熟时亮红色。花期 5 月，果期 9 月。

【品　　种】紫叶小檗 'Atropurpurea'，叶片在整个生长期内紫红色。

【地理分布】原产日本和中国东部；国内广泛栽培。

【繁殖方法】扦插或播种繁殖。

【园林应用】枝细叶密，花黄果红，枝条红紫色，适于作花灌木丛植、孤植，或作刺篱。紫叶小檗叶片紫红，是优良的绿篱、地被和模纹图案材料。

阿穆尔小檗（黄芦木）

Berberis amurensis Rupr.

小檗属

【识别要点】落叶灌木，高达 3m。小枝有沟槽，灰黄色；刺常 3 分叉，长 1 ~ 2cm。叶椭圆形或倒卵形，长 3 ~ 8cm，宽 2.5 ~ 5cm，基部渐狭，边缘有刺毛状细锯齿，背面网脉明显，常有白粉。花淡黄色，10 ~ 25 朵排成下垂的总状花序。果实椭圆形，长 6 ~ 10mm，亮红色，有白粉。花期 4 ~ 5 月，果期 8 ~ 9 月。

【地理分布】分布于东北和华北；俄罗斯、朝鲜、日本也有分布。

【繁殖方法】播种繁殖。

【园林应用】花朵黄色密集、秋果红艳，宜丛植于草地、林缘，点缀池畔或配植于岩石园中，也适于自然风景区和森林公园内应用。

【相近种类】细叶小檗 *Berberis poiretii* Schneid.

十大功劳（狭叶十大功劳）

Mahonia fortunei (Lindl.)Fedde　　十大功劳属

【识别要点】常绿灌木，高 2m，全体无毛。一回羽状复叶互生，小叶 5 ~ 9，无柄或近无柄，侧生小叶狭披针形至披针形，长 5 ~ 11cm，宽 0.9 ~ 1.5cm，顶生小叶较大，长 7 ~ 12cm，边缘每侧有刺齿 5 ~ 10。花黄色，总状花序长 3 ~ 7cm，4 ~ 10 条簇生，花梗长 1 ~ 4mm；萼片 9，花瓣、雄蕊 6，花药瓣裂。浆果球形，蓝黑色，被白粉。花期 7 ~ 9 月，果期 10 ~ 11 月。

【地理分布】产于长江以南地区，山东、河南、山西等地和长江流域以南各地常见栽培。

【繁殖方法】播种、扦插或分株繁殖。

【园林应用】叶形奇特，花朵鲜黄，常植于庭院、林缘、草地边缘，也可点缀假山、岩石，或作绿篱和基础种植材料。

【相近种类】阔叶十大功劳 *Mahonia bealei*（Fort.）Carr.，小叶 7 ~ 15，卵形至卵状椭圆形，长 5 ~ 12cm，叶缘反卷，有大刺齿 2 ~ 5 对；花黄褐色，花梗长 4 ~ 6mm；花期 11 月至翌年 3 月。

南天竹

Nandina domestica Thunb.　　南天竹属

【识别要点】常绿丛生灌木，高达 2m，全株无毛。2 ~ 3 回羽状复叶，互生，中轴有关节；小叶全缘，椭圆状披针形，长 3 ~ 10cm，先端渐尖，两面无毛。圆锥花序顶生，长 20 ~ 35cm；花白色，芳香，直径 6 ~ 7mm；萼多数；花瓣 6，无蜜腺；雄蕊 6 与花瓣对生。浆果球形，径约 8mm，鲜红色。花期 5 ~ 7 月；果期 9 ~ 10 月。

【地理分布】产中国与日本，广泛栽培。

【繁殖方法】播种、分株或扦插繁殖。

【园林应用】茎干丛生，枝叶扶疏，果实殷红而且经久不落，是赏叶观果的佳品。适于庭院、草地、路旁、水际丛植及列植，也可盆栽观赏。

十四、 木通科 Lardizabalaceae

木通

Akebia quinata (Thunb.)Decne

木通属

【识别要点】落叶或半常绿藤本，长达 9m，全株无毛。掌状复叶互生，或簇生于短枝顶端；小叶 5，倒卵形或椭圆形，长 3 ~ 6cm，全缘。总状花序，中上部为多数雄花，下部为 1 ~ 2 朵雌花；花淡紫色，芳香，雄花径 1.2 ~ 1.6cm，雌花径 2.5 ~ 3cm。萼片 3，雄蕊 6，离生心皮 3 ~ 12。蓇葖果常仅 1 个发育，长 6 ~ 8cm，呈肉质浆果状，成熟时紫色、开裂。花期 4 ~ 5 月；果期 9 ~ 10 月。

【地理分布】分布于东亚，我国分布于黄河以南各地区。

【繁殖方法】播种、压条或分株繁殖。

【园林应用】叶片秀丽，花朵淡紫色而芳香，果实紫红，是垂直绿化的良好材料，可用于篱垣、花架、凉廊的绿化，或令其缠绕树木、点缀山石。

【相近种类】三叶木通 *Akebia trifoliata* （Thunb.）Koidz.

十五、 领春木科 Eupteleaceae

领春木

Euptelea pleiosperum Hook.f. *et* Thoms. 领春木属

【识别要点】落叶乔木或灌木，高达15m；树皮紫黑或褐灰色，小块状开裂。小枝无毛，紫黑色或灰色；枝基部具多数环状芽鳞痕。单叶互生，圆形或近卵形，长5～14cm，先端渐尖至尾尖，基部楔形，中上部疏生锯齿；侧脉6～11对；背面灰白色，无毛或脉上被平伏毛。花小，6～12朵簇生叶腋，先叶开放；无花被，雄蕊6～18，心皮8～18。聚合翅果，不规则倒卵形，长0.5～2cm，先端圆，一边凹缺。花期4～5月，果期7～10月。

【地理分布】产河北、河南、陕西、甘肃、安徽、浙江、江西、湖北、湖南、贵州、云南、四川、西藏等地，垂直分布于海拔900～3600m，生于溪边或林缘。印度有分布。

【繁殖方法】播种繁殖。

【园林应用】古老的孑遗树种。树姿优美清雅，叶形美观，果形奇特，园林中可孤植或丛植观赏。

十六、 连香树科 Cercidiphyllaceae

连香树

Cercidiphyllum japonicum Sieb. *et* Zucc. 连香树属

【识别要点】落叶乔木。有长枝（叶对生）和距状短枝（叶单生），后者在长枝上对生。叶卵圆形或近圆形，长4～7cm，具钝圆腺齿；掌状脉5～7条。花单性异株，单生或簇生叶腋，无花被，但有苞片4；花先叶开放或与叶同放。聚合蓇葖果圆柱形，稍弯曲，熟时紫黑色，微被白粉，长8～20cm。花期4月，果期9～10月。

【地理分布】分布于山西、河南、陕西、四川至华东、华中各地，多生山谷、沟旁、低湿地或山坡杂木林中。在北京栽培生长良好。

【繁殖方法】播种、扦插、压条或分蘖繁殖。

【园林应用】著名孑遗树种，树体高达雄伟，新叶亮紫色，秋叶黄色或红色，是优良的山地风景树种。也适于庭院前庭、水滨、池畔及草坪中孤植或丛植，或作行道树。

十七、悬铃木科 Platanaceae

营养器官检索表

1. 树皮不规则大鳞片状开裂，剥落，内皮平滑，淡绿白色
  2. 叶常 3 ~ 5 裂，托叶长于 1cm；果序常 2 个……………………………二球悬铃木 *Platanus hispanica*
  2. 叶 5 ~ 7 深裂，托叶长不及 1cm；果序常 3 ~ 6 个………………三球悬铃木 *Platanus orientalis*
1. 树皮小鳞片状开裂，常固着干上；叶之缺刻浅，不及叶片的 1/3，中裂片阔三角形，宽大于长；托叶长 2 ~ 3cm，基部鞘状；果序常单生，平滑…………一球悬铃木 *Platanus occidentalis*

二球悬铃木（英桐）

latanus hispanica Muench.　　悬铃木属

【识别要点】落叶乔木，树冠圆形或卵圆形；树皮灰绿色，片状剥落，内皮淡绿白色。嫩枝、叶密被褐黄色星状毛。顶芽缺，侧芽为柄下芽，芽鳞 1。叶片三角状宽卵形，掌状 5（3 ~ 7）裂；叶缘有不规则大尖齿，中裂片三角形，长宽近相等；托叶圆领状，早落。雌、雄花均为头状花序，生于不同花枝上，球形、下垂。花 4 基数。果序球形，常 2 个（偶 1 ~ 3 个）生于 1 个总果柄上；由许多圆锥形小坚果组成，宿存花柱刺状，长 2 ~ 3mm。花期 4 ~ 5 月，果期 9 ~ 10 月。

【地理分布】为三球悬铃木与一球悬铃木的杂交种，性状介于二者之间。我国南自两广及东南沿海，西南至四川、云南，北至辽宁均有栽培。

【繁殖方法】播种或扦插繁殖。

【园林应用】树形雄伟端庄，叶大荫浓，干皮光滑，适应性强，为世界著名行道树和庭园树，被誉为“行道树之王”。

【相近种类】三球悬铃木（法桐）*Platanus orientalis* L. 一球悬铃木（美桐）*Platanus occidentalis* L.

十八、 金缕梅科 Hamamelidaceae

营养器官检索表

1. 叶不分裂，羽状脉
 2. 落叶性，叶质较薄，叶片长 7 ~ 15cm……………………………………牛鼻栓 *Fortunearia sinensis*
 2. 常绿性，叶厚革质，椭圆形至倒卵形，长 3 ~ 7cm…………………蚊母树 *Distylium racemosum*
1. 叶 3 裂，3 出脉…………………………………………………………………………枫香 *Liquidambar formosana*

枫香

Liquidambar formosana Hance　　枫香属

【识别要点】落叶乔木；有芳香树液。树冠广卵形。小枝灰色，略被柔毛。叶宽卵形，长 6 ~ 12cm，掌状 3 裂（萌枝叶常 5 ~ 7 裂），裂片先端尾尖，基部心形或截形，有细锯齿。花单性同株，无花瓣；雄花序穗状，数个排成总状，无花被；雌花序头状，单生，萼片刺状。果序球形，直径 3 ~ 4cm，宿存花柱长达 1.5cm，刺状萼片宿存。花期 3 ~ 4 月，果期 10 月。

【地理分布】分布于中国和日本，我国分布于长江流域及其以南地区。华北南部有栽培。

【繁殖方法】播种繁殖，也可扦插。

【园林应用】树干通直，树冠广卵形，是著名秋色叶树种。适宜低山风景区内大面积成林，在城市公园和庭园中可植于瀑口、溪旁、水滨。

蚊母树

Distylium racemosum Sieb. *et* Zucc.　　蚊母树属

【识别要点】常绿乔木或灌木，树冠开展。小枝和芽有盾状鳞片。叶互生，厚革质，椭圆形至倒卵形，长 3 ~ 7cm，宽 1.5 ~ 3.5cm，先端钝或略尖，基部宽楔形，全缘。总状花序长约 2cm，雄花位于下部，雌花位于上部；萼片大小不等；无花瓣；花药红色。蒴果卵形，密生星状毛，花柱宿存。花期 4 ~ 5 月，果期 9 ~ 10 月。

【地理分布】分布于东南沿海，多生于海拔 800m 以下的低山丘陵；日本和朝鲜也产。华北南部栽培。

【繁殖方法】播种、扦插繁殖。

【园林应用】枝叶密集，叶色浓绿，树形整齐美观，常修剪成球形，适于草坪、路旁孤植、丛植，或用于庭前、入口对植；也可植为雕塑或其他花木的背景。

牛鼻栓

Fortunearia sinensis Rehd. *et* Wils.　　牛鼻栓属

【识别要点】落叶灌木至小乔木，高达 5m。裸芽、小枝及叶被星状毛。叶互生，倒卵形或倒卵状椭圆形，长 7 ~ 16cm，先端尖，基部圆形或宽楔形，具锯齿，侧脉 6 ~ 10 对。花单性或杂性，顶生总状花序。两性花萼筒被毛，萼齿 5 裂；花瓣 5，针形或披针形；雄蕊 5；子房半下位，2 室。雄花为葇荑花序，基部无叶。蒴果木质，宿存花柱直伸。花期 3 ~ 4 月，果期 7 ~ 8 月。

【地理分布】产河南、陕西、江苏、安徽、浙江、福建、江西、湖北、四川等地。山东、河南等地栽培。

【繁殖方法】扦插、播种繁殖。

【园林应用】树形优美，可作用于园林绿化，适于孤植、丛植，也是良好的绿篱树种。

十九、 杜仲科 Eucommiaceae

杜仲

Eucommia ulmoides Oliv. 杜仲属

【识别要点】落叶乔木；全株各部分（枝叶、树皮、果实等）有白色弹性胶丝。枝有片状髓心，无顶芽。单叶互生，椭圆形至椭圆状卵形，长6 ~ 18cm，宽3 ~ 7.5cm；叶缘有锯齿，表面网脉下陷，有皱纹；无托叶。雌雄异株，无花被。翅果长3 ~ 4cm，宽1 ~ 1.3cm，顶端2裂。花期3 ~ 4月，果期10月。

【地理分布】分布于华东、中南、西北及西南，黄河流域以南有栽培。

【繁殖方法】播种繁殖，也可扦插、压条或分蘖。

【园林应用】著名特用经济树种。树形整齐，枝叶茂密，园林中可作庭荫树和行道树，也可在草地、池畔等处孤植或丛植。在风景区可结合生产绿化造林。

二十、 榆科 Ulmaceae

营养器官检索表

1. 羽状脉，侧脉7对以上；冬芽先端不贴附于小枝
  2. 无枝刺
    3. 叶缘具单锯齿，间或有少量重锯齿混生
      4. 叶背面侧脉在叶缘处不分叉，直达齿尖，叶缘具规整的桃尖形单锯齿……光叶榉 *Zelkova serrata*
      4. 叶背面侧脉在叶缘处分叉
        5. 小枝无毛，或初有毛后渐脱落；春季开花
          6. 小枝直展、斜展，不下垂……白榆 *Ulmus pumila*
          6. 2 ~ 3年生枝常下垂，树冠伞形……垂枝榆 *Ulmus pumila* ‘Tenue’
        5. 小枝有较密的柔毛；秋季开花；树皮不规则薄鳞片状剥落……榔榆 *Ulmus parvifolia*
    3. 叶缘具重锯齿
      7. 叶基部极偏斜，小枝无木栓翅……欧洲白榆 *Ulmus laevis*

7. 叶基部偏斜或稍偏斜，有时近对称，小枝常有木栓翅
8. 叶阔倒卵形，上面有粗硬毛，粗糙；小枝淡黄褐色；翅果被毛……大果榆 *Ulmus macrocarpa*
8. 叶倒卵形或倒卵状椭圆形，近无毛，小枝暗紫褐色，翅果无毛……黑榆 *Ulmus davidiana*
2. 有枝刺，叶片椭圆形至长圆形，长 2 ~ 7cm，宽 1 ~ 3cm………………刺榆 *Hemiptelea davidii*
1. 叶 3 ~ 5 出脉，侧脉常 6 对以下；冬芽先端贴附于小枝
9. 叶近全缘，或叶缘中部以上有疏浅锯齿，核果
10. 小枝及叶下面密生黄褐色柔毛，叶较宽；果橙红色，果梗与叶柄近等长…………朴树 *Celtis sinensis*
10. 小枝及叶两面无毛或近无毛（萌枝、萌枝之叶背面有毛）；叶狭卵形至卵状披针形、卵状椭圆形，锯齿浅钝或近全缘；果紫黑色，果柄长为叶柄长之 2 ~ 3 倍……小叶朴 *Celtis bungeana*
9. 叶缘除基部外有锐尖锯齿；坚果，周围具木质翅…………………………青檀 *Pteroceltis tatarinowii*

白榆（榆树）

Ulmus pumila L.　　榆属

【识别要点】落叶乔木，高达 25m，胸径 1m。树冠圆球形；树皮纵裂，粗糙。单叶互生，叶片卵状长椭圆形，长 2 ~ 8cm，宽 1.2 ~ 3.5cm，先端尖，基部偏斜，边缘有不规则单锯齿，羽状脉。花两性，簇生于去年生枝上；花萼浅裂，宿存。翅果近圆形，径 1 ~ 1.5cm，顶端有缺口，种子位于中央。花期 3 ~ 4 月，果期 4 ~ 5 月。

【品　　种】垂枝榆 ‘Tenue’，树冠伞形，2 ~ 3 年生枝常下垂。

【地理分布】分布于东北、华北、西北和西南，长江流域等地有栽培；俄罗斯、蒙古和朝鲜也有分布。

【繁殖方法】播种、根插繁殖。观赏品种多采用嫁接繁殖。

【园林应用】白榆是华北地区的乡土树种，树体高大，绿荫较浓，小枝下垂，尤其是春季榆钱满枝，颇有乡野之趣，而且适应性强，是城乡绿化的重要树种，适植于山坡、水滨、池畔、河流沿岸、道路两旁，也可用于营造防护林。

榔榆

Ulmus parvifolia Jacq.　　　　榆属

【识别要点】落叶乔木，高达 25m。树冠扁球形至卵圆形；树皮不规则薄鳞片状剥落。小枝红褐色至灰褐色。叶较小而质厚，长椭圆形至卵状椭圆形，长 2 ~ 5cm，边缘有单锯齿。花簇生叶腋，秋季开花。翅果长椭圆形，长约 1cm。花期 8 ~ 9 月，果期 10 ~ 11 月。

【地理分布】分布于黄河流域以南地区；日本和朝鲜也有分布。

【繁殖方法】播种繁殖。

【园林应用】树皮斑驳，枝叶细密，姿态潇洒，具有较高观赏价值，在庭院中孤植、丛植，或与亭榭、山石配植均很合适，也是优良的行道树、园景树和盆景材料。

大果榆（黄榆）

Ulmus macrocarpa Hance　　　　榆属

【识别要点】落叶乔木，高达 20m，或有时灌木状，树冠开张而常不规则。小枝淡黄褐色，有毛，有时具 2 ~ 4 条木栓翅。叶宽倒卵形、倒卵状圆形，长 5 ~ 9cm，宽 3.5-5cm，先端突尖，基部偏斜，叶缘有重锯齿；质地粗糙，厚而硬，表面有粗毛。果倒卵形，径 2.5 ~ 3.5cm，具黄褐色长毛。花果期 4 ~ 5 月。

【地理分布】分布于东北、西北和华北；朝鲜和俄罗斯也有分布。

【繁殖方法】播种繁殖。

【园林应用】深秋叶片红褐色，点缀山林颇为美观，是北方秋色叶树种之一，可栽培观赏。

【相近种类】春榆 *Ulmus davidiana* Planchi. var. *japonica*（Rehd.）Nakai.

欧洲榆

Ulmus laevis Pall. 榆属

【识别要点】落叶乔木。小枝灰褐色，初有毛，后脱落；冬芽纺锤形。叶片倒卵形或倒卵状椭圆形，长 3 ~ 10cm，基部极歪斜，叶缘有重锯齿，下面近无毛，仅中脉中下部有毛。簇生状短聚伞花序，有花 20 ~ 30 朵；花梗纤细下垂，长 6 ~ 20mm。翅果卵形或卵状椭圆形，两面无毛，边缘有睫毛。

【地理分布】原产欧洲。我国东北、华北和西北各地有栽培。

【繁殖方法】播种繁殖。

【园林应用】可植为行道树、庭荫树。

【相近种类】圆冠榆 *Ulmus densa* Litw.

青檀

Pteroceltis tatarinowii Maxim. 青檀属

【识别要点】落叶乔木，高达 20m；树干常凹凸不平；树皮薄片状剥落，内皮灰绿色。小枝细弱。叶卵形或卵圆形，长 3 ~ 13cm，宽 2 ~ 4cm，叶缘有锐尖锯齿；基出 3 脉，侧脉不达齿端。花单性同株，生于当年生枝叶腋；雄花簇生于下部，花被片与雄蕊 5；雌花单生于上部，花被片 4。坚果两侧有薄木质翅，近圆形，径约 1 ~ 1.7cm，果柄纤细。花期 4 ~ 5 月；果期 8 ~ 9 月。

【地理分布】分布于辽宁，华北、西北经长江流域至华南、四川等地；喜生于石灰岩山地。

【繁殖方法】播种繁殖。

【园林应用】树体高大，树冠开阔，宜作庭荫树、行道树；可孤植、丛植于溪边，适合在石灰岩山地绿化造林。

二十、 榆科

刺榆

Hemiptelea davidii (Hance)Planch. 刺榆属

【识别要点】落叶小乔木，高可达 10m，或为灌木状。树皮暗灰色，纵裂。枝刺幼时有毛，长 2 ~ 10cm。冬芽常 3 个聚生于叶腋。叶互生，椭圆形至长椭圆形，长 4 ~ 6cm，宽 1.5 ~ 3cm，无毛，叶缘具单锯齿，羽状脉。花两性或单性同株，1 ~ 4 朵簇牛于当年生枝叶腋；萼 4 ~ 5 裂，雄蕊常 4。坚果斜卵形，扁平，上半部有鸡冠状翅，基部有宿萼。花期 4 ~ 5 月，果期 5 ~ 6 月。

【地理分布】东北、华北、西北、华东、华中等地，多见于山麓及沙丘等较干燥的向阳地段。朝鲜亦产。

【繁殖方法】播种、扦插、分株繁殖。

【园林应用】树形优美，耐修剪，枝具刺，可作绿篱，适于园林绿化。

光叶榉

Zelkova serrata (Thunb.)Makino 榉属

【识别要点】落叶乔木。冬芽单生，卵形，先端不紧贴小枝。幼枝疏被柔毛，后脱落。单叶互生，卵形至卵状披针形，长 3 ~ 10cm，宽 1.5 ~ 5cm；羽状脉；具桃尖形单锯齿，脉端直达齿尖；叶两面幼时被毛。花杂性同株，4 ~ 5 数，雄花簇生新枝下部，雌花或两性花 1 ~ 3 簇生新枝上部叶腋。核果小，上部歪斜。

【地理分布】主产长江流域，西达四川、云南，北达辽宁（大连）、山东、甘肃和陕西，散生于海拔 700m 以上的山地；朝鲜、日本也有分布。

【繁殖方法】播种繁殖。

【园林应用】枝细叶美，绿荫浓密，入秋叶色红艳，是优良的庭荫树，最适于孤植或三、五株丛植，以点缀亭台、假山、水池、建筑等。在草坪、广场可丛植或群植，还是很好的行道树，可用于街道、公路、园路的绿化。

朴树

Celtis sinensis Pers.

朴属

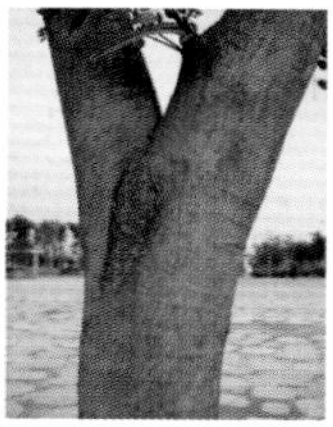

【识别要点】落叶乔木，高达 20m；树冠扁球形。冬芽小，卵形，先端紧贴小枝。幼枝有短柔毛后脱落。叶宽卵形、椭圆状卵形；3 出脉，长 3 ~ 9cm，宽 1.5 ~ 5cm，基部偏斜，中部以上有粗钝锯齿；沿叶脉及脉腋疏生毛。花淡黄绿色。核果圆球形，橙红色，径 4 ~ 6mm，果柄与叶柄近等长。花期 4 月；果期 9 ~ 10 月。

【地理分布】分布于黄河流域以南至华南；越南、老挝和朝鲜也有分布。

【繁殖方法】播种繁殖。

【园林应用】树冠宽广，春季新叶嫩黄，夏季绿荫浓郁，秋季红果满树，是优美的庭荫树，宜孤植、丛植，可用于草坪、山坡、建筑周围、亭廊之侧，也可作行道树。

小叶朴（黑弹树）

Celtis bungeana Bl.

朴属

【识别要点】落叶乔木，高达 10m。小枝无毛，萌枝幼时密毛。叶狭卵形至卵状椭圆形、卵形，长 3 ~ 7（15）cm，宽 2 ~ 4（5）cm，先端长渐尖，锯齿浅钝或近全缘；两面无毛，或仅幼树及萌枝之叶背面沿脉有毛。核果近球形，熟时紫黑色，径 4 ~ 5mm；果柄长为叶柄长之 2 ~ 3 倍，长 10 ~ 25mm，细软。花期 4 ~ 5 月；果期 9 ~ 11 月。

【地理分布】产东北南部、西北、华北，经长江流域至西南。

【繁殖方法】播种繁殖。

【园林应用】可植为庭荫树和行道树。

二十一、 桑科 Moraceae

营养器官检索表

1. 小枝无环状托叶痕
 2. 无枝刺，叶缘有锯齿
  3. 芽鳞 3 ~ 6 枚，托叶披针形
   4. 叶缘有刺芒状锯齿，叶两面无毛或下面微被细毛…………………………蒙桑 *Morus mongolica*
   4. 叶缘锯齿无刺芒
    5. 枝条直伸或斜展，不扭曲，叶有时分裂……………………………………………桑树 *Morus alba*
    5. 枝条扭曲向上，叶片不分裂……………………………………………龙桑 *Morus alba* ‘Tortuosa’
  3. 芽鳞 2 ~ 3 枚，托叶卵状披针形；小枝密生蛛丝状毛，叶两面有毛……… 构树 *Broussonetia papyrifera*
 2. 有枝刺，叶卵圆形或卵状披针形，全缘或 3 裂，无锯齿…………………柘 *Cudrania tricuspidata*
1. 小枝有环状托叶痕；叶广卵或近圆形，3 ~ 5 掌状裂，表面粗糙…………… 无花果 *Ficus carica*

桑树（白桑、家桑）

Morus alba L. 桑属

【识别要点】落叶乔木，高达 15m，树冠倒广卵形。无顶芽，侧芽芽鳞 3 ~ 6。树皮、小枝黄褐色，根皮鲜黄色。叶互生，3 ~ 5 出脉，卵形或广卵形，长 6 ~ 15cm，宽 4 ~ 12cm，边缘有粗大锯齿，有时分裂，表面有光泽，背面脉腋有簇毛。花单性，柔荑花序；花被和雄蕊 4；花柱极短。聚花果长 1 ~ 2.5cm，紫黑、红或黄白色。花期 4 月，果期 5 ~ 6 月。

【品　　种】龙桑 ‘Tortuosa’，又称九曲桑，枝条扭曲向上。

【地理分布】广布树种，自东北至华南均有栽培和分布，以长江流域和黄河流域最为常见。

【繁殖方法】播种、嫁接、扦插、压条、分根等法繁殖。

【园林应用】树冠宽阔，枝叶茂密，秋叶变黄，是优良的园林绿化树种，常植为庭荫树。

【相近种类】蒙桑 *Morus mongolica*（Bureau）Schneid.

构树

Broussonetia papyrifera L'Her. *ex* Vent. 构树属

【识别要点】落叶乔木，高达 15m，或灌木状；树冠开张，卵形至广卵圆形。树皮浅灰色或灰褐色，平滑。小枝、叶柄、叶背、花序柄均密被长绒毛。小枝粗壮，灰褐色或红褐色。叶互生，有时近对生，卵圆形至宽卵形，长 8 ~ 13cm，不分裂或不规则 2 ~ 5 深裂，上面密生硬毛。雄花组成柔荑花序，雌花组成头状花序。聚花果球形，橘红或鲜红色。花期 4 ~ 5 月，果期 7 ~ 9 月。

【地理分布】分布广，自西北、华北至华南、西南均产。

【繁殖方法】播种繁殖。也可用根插、枝插、分株或压条。

【园林应用】枝叶繁茂，抗污染、阻滞尘埃能力强，可作为城乡绿化树种，用作庭荫树或行道树，尤其适于工矿区和荒山应用。

柘（柘桑）

Cudrania tricuspidata (Carr.)Bureau *ex* Lavall. 柘属

【识别要点】落叶乔木或灌木，可高达 10m；树皮薄片状剥落。小枝无毛，枝刺长 0.5 ~ 2cm。叶卵圆形或卵状披针形，长 5 ~ 11cm，宽 3 ~ 6cm，全缘或 3 裂，下面灰绿色。雄、雌花均为腋生球形头状花序；雄花序径约 0.5cm；雌花序径约 1 ~ 1.5cm。聚花果球形、肉质，红色，径约 2.5cm。花期 5 ~ 6 月；果期 9 ~ 10 月。

【地理分布】分布于北京以南、陕西、河南至华南、西南各地，生于低山、丘陵灌丛中；日本也有分布。

【繁殖方法】播种繁殖。

【园林应用】可作绿篱、刺篱，也是重要的荒山绿化及水土保持树种。

无花果

Ficus carica Linn. 榕属

【识别要点】落叶小乔木，高达 10m，有时呈丛生灌木状；树冠圆球形。小枝粗壮，节间明显。叶互生，厚纸质，阔卵形或近圆形；长 11 ~ 24cm，宽 9 ~ 22cm；掌状 3 ~ 5 裂，先端钝，基部心形，有粗锯齿或全缘，表面粗糙，背面有柔毛。花序单生叶腋；雄花和瘿花同序，发育雌花生于另一花序。隐花果梨形，长 5 ~ 8cm，径约 3cm，绿黄色至黑紫色。花果期因产地和栽培条件而异，自春至秋季果实陆续成熟。

【地理分布】原产地中海一带，现温带和亚热带地区常见栽培。

【繁殖方法】分株、压条及插条等法繁殖，易成活。

【园林应用】叶片深绿，果实黄色至紫红色，果期长，既是著名的果树，也是优良的造景材料，可结合生产栽培，配植于庭院房前、墙角、阶下、石旁也甚适宜。

二十二、 胡桃科 Juglandaceae

营养器官检索表

1. 小枝具片状髓心
  2. 鳞芽，叶轴无翅
    3. 小叶 5 ~ 9 枚，全缘或几全缘，无毛或近无毛……………………胡桃 *Juglans regia*
    3. 小叶 9 ~ 17 枚，有锯齿，枝叶有毛……………………胡桃楸 *Juglans mandshurica*
  2. 裸芽，叶轴有翅；小叶 10 ~ 28 枚……………………枫杨 *Pterocarya stenoptera*
1. 枝条髓心充实。
  4. 新枝及叶下面有淡黄色腺点；小叶稍呈镰刀状弯曲……………薄壳山核桃 *Carya illinoensis*
  4. 枝叶无腺点，小叶卵状披针形或披针形……………………化香 *Platycarya stroblilacea*

胡桃（核桃）

Juglans regia L.　　胡桃属

【识别要点】落叶乔木；树冠广卵形至扁球形。树皮灰白色；枝条髓心片状。鳞芽。1年生枝绿色，近无毛。奇数羽状复叶，互生，揉之有香味；无托叶。小叶5～9（11），近椭圆形，长6～14cm，先端钝圆或微尖，基部钝圆或偏斜，全缘或幼树及萌生枝之叶有锯齿，背面脉腋有簇毛。雄花组成葇荑花序，雌花1～3（5）朵组成穗状花序。花被与苞片合生，柱头羽毛状。核果状坚果，球形，径4～5cm，果核有不规则浅刻纹和2纵脊。花期4～5月，果期9～10月。

【地理分布】原产于我国新疆及阿富汗、伊朗一带，我国北方广泛栽培。

【繁殖方法】播种、嫁接繁殖。

【园林应用】树冠开展，树皮灰白、平滑，树体内含有芳香性挥发油，有杀菌作用，是优良的庭荫树。可在草地、池畔等处孤植、丛植或片植。

胡桃楸（核桃楸）

Juglans mandshurica Maxim.　　胡桃属

【识别要点】落叶乔木，高达30m。树冠广卵形；树皮灰色或暗灰色，纵裂。顶芽大，被黄褐色毛。小枝黄褐色，有腺毛和星状毛。小叶9～17枚，卵状矩圆形或矩圆形，长6～16cm，基部偏斜，叶缘具细锯齿，背面被星状毛及柔毛；近无柄。雌花序轴密被柔毛，柱头暗红色。果卵形，顶端尖，有腺毛。果核长卵形，具8条纵脊。花期5月，果期8～9月。

【地理分布】分布于东北和华北，内蒙古有少量分布；朝鲜和日本也产。

【繁殖方法】播种繁殖。

【园林应用】同核桃。为东北地区三大珍贵用材树种之一；北方常作嫁接核桃之砧木。

二十二、胡桃科

薄壳山核桃

Carya illinoensis K. Koch. 山核桃属

【识别要点】落叶乔木；树冠圆锥形，后变为长圆形至广卵形。鳞芽，被黄色短柔毛。枝髓充实。羽状复叶，小叶 11 ~ 17，卵状披针形，常镰状弯曲，长 9 ~ 13cm，下面脉腋簇生毛，具锯齿。雄花柔荑花序 3 个生于一总梗上，下垂；雌花 2 ~ 10 朵排成穗状。核果状坚果，3 ~ 10 集生，长圆形，长 4 ~ 5cm，有 4 纵脊，外果皮木质，4 瓣裂。花期 5 月；果期 10 ~ 11 月。

【地理分布】原产北美洲。我国北自北京，南至海南岛都有栽培，以长江中下游地区较多。

【繁殖方法】播种繁殖。

【园林应用】树体高大，根深叶茂，树姿雄伟壮丽，是优良的行道树和庭荫树，还可植作风景林，也适于河流沿岸、湖泊周围及平原地区"四旁"绿化。

枫杨

Pterocarya stenoptera C. DC. 枫杨属

【识别要点】落叶乔木，枝髓片状。裸芽，密生锈褐色腺鳞。小枝、叶柄和叶轴有柔毛。羽状复叶长 14 ~ 45cm，叶轴有翅；小叶 10 ~ 28 枚，长椭圆形至长椭圆状披针形，长 4 ~ 11cm，有细锯齿，顶生小叶常不发育。果序长 20 ~ 40cm；坚果近球形，具 2 椭圆状披针形果翅。花期 4 ~ 5 月；果期 8 ~ 9 月。

【地理分布】广布于华北、华东、华中至华南、西南各地，在长江流域和淮河流域最为常见；朝鲜也有分布。

【繁殖方法】播种繁殖。

【园林应用】枫杨树冠宽广，枝叶茂密，夏秋季节则果序杂悬于枝间，随风而动，颇具野趣。适应性强，可作公路树、行道树和庭荫树之用，庭园中宜植于池畔、堤岸、草地、建筑附近，尤其适于低湿处造景。

化香

Platycarya strobilacea Sieb. *et* Zucc.　　化香属

【识别要点】落叶乔木，高达 20m；树皮灰色，浅纵裂。小枝密被短柔毛，髓心充实。鳞芽。羽状复叶互生；小叶 7 ~ 19 枚，卵状披针形或长椭圆状披针形，长 5 ~ 14cm，叶缘有细尖重锯齿，基部歪斜。柔荑花序直立，雄花序 3 ~ 5 条集生枝顶，雌花序单生或 2 ~ 3 集生，呈球果状，有时雌花序位于雄花序下部。无花被；小苞片与子房结合，果熟时发育成窄翅。果序卵状椭圆形或长椭圆状圆柱形，长 3 ~ 4.3cm；苞片披针形，长 0.6 ~ 1.3cm。坚果连翅近圆形或倒卵状椭圆形，长约 5mm。花期 5 ~ 6 月；果期 9 ~ 10 月。

【地理分布】产长江流域至西南、华南，北达山东、河南、陕西、甘肃，常生于低山丘陵的疏林和灌丛中，为常见树种；日本和朝鲜也产。

【繁殖方法】播种繁殖。

【园林应用】园林中可丛植观赏，也用于荒山绿化，还可用作嫁接核桃、山核桃和薄壳山核桃的砧木。

二十三、壳斗科 Fagaceae

营养器官检索表

1. 有顶芽，芽鳞多数；叶螺旋状排列
 2. 叶缘有刺芒状锯齿
  3. 叶下面无星状毛，或幼时略有毛不久脱落；树皮木栓层不发达……麻栎 *Quercus acutissima*
  3. 叶下面密生灰白色星状毛层，老叶亦然；树皮木栓层发达…………栓皮栎 *Quercus variabilis*
 2. 叶缘有尖锐、圆钝以至波状锯齿或羽状分裂，锯齿无刺芒
  4. 叶不分裂，叶缘有尖锐或圆钝或波状大锯齿
   5. 小枝密生绒毛；叶背面密生绒毛，叶缘有波状锯齿大；叶柄长 2 ~ 5mm ……槲树 *Quercus dentata*

5. 小枝无毛或幼时有毛不久脱落
   6. 老叶下面密生灰白色星状毛；叶柄长 1 ~ 3cm，叶缘具波状钝齿……槲栎 *Quercus aliena*
   6. 老叶下面无毛或略有薄毛，叶柄长 2 ~ 5mm
      7. 叶缘锯齿小而浅，圆钝齿及侧脉各 7 ~ 11 对；小枝栗褐色……蒙古栎 *Quercus mongolica*
      7. 叶缘锯齿较大，圆钝齿及侧脉各 5 ~ 7（10）对，小枝灰绿色……………辽东栎 *Quercus wutaishansea*

4. 叶卵形或椭圆形，羽状 5 ~ 7 深裂，裂片再尖裂……………………………沼生栎 *Quercus palustris*

1. 无顶芽，侧芽芽鳞 3 ~ 4 枚；叶片二列状排列，矩圆状椭圆形至卵状披针形，背面被灰白色星状短柔毛……………………………………………………………………………………板栗 *Castanea mollissima*

板栗

Castanea mollissima Bl.　　栗属

【识别要点】落叶乔木；树冠扁球形；无顶芽，芽鳞 3 ~ 4。小枝有灰色绒毛。叶二列状互生，矩圆状椭圆形至卵状披针形，长 8 ~ 18cm，叶缘有芒状齿，上面亮绿色，下面被灰白色星状短柔毛。花序直立，多数雄花生于上部，雌花 1 ~ 3 朵生于基部多刺的总苞内。壳斗球形，密被长针刺，直径 6 ~ 9cm，内含 1 ~ 3 个坚果。花期 4 ~ 6 月，果期 9 ~ 10 月。

【地理分布】我国特产，各地栽培，以华北及长江流域最为集中。

【繁殖方法】播种、嫁接繁殖。

【园林应用】树冠宽大，枝叶茂密，可用于草坪、山坡等地孤植、丛植或群植，庭院中以二三株丛植为宜。是园林结合生产的优良树种，可辟专园经营，亦可用于山区绿化。

麻栎

Quercus acutissima Carr. 栎属

【识别要点】落叶乔木；有顶芽，芽鳞多数。树冠广卵形；树皮深纵裂。叶螺旋状互生，长椭圆状披针形，长 9 ~ 16cm，宽 3 ~ 5cm，先端渐尖，基部近圆形，叶缘有刺芒状锐锯齿，下面淡绿色；侧脉 13 ~ 18 对。雄花柔荑花序下垂，雌花序穗状，直立，雌花单生总苞内。壳斗杯状，包围坚果 1/2，苞片钻形，反曲；坚果卵球形或卵状椭圆形，高 2cm，径 1.5 ~ 2cm。花期 4 ~ 5 月，果期翌年 10 月。

【地理分布】麻栎是分布最广的栎类之一，最北界达东北南部，南界为两广。

【繁殖方法】播种繁殖。

【园林应用】树干通直，树冠雄伟，浓荫如盖，秋叶金黄或黄褐色，园林中可孤植、丛植、或群植，也适于工矿区绿化。根系发达，是营造防风林、水源涵养林及防火林带的优良树种。

【相近种类】栓皮栎 *Quercus variabilis* Bl.

槲树

Quercus dentata Thunb. 栎属

【识别要点】落叶乔木；树冠椭圆形。小枝粗壮，有沟棱，密被黄褐色星状绒毛。叶倒卵形至椭圆状倒卵形，长 10 ~ 30cm，先端钝圆，基部耳形，有 4 ~ 10 对波状裂片或粗齿，下面密被星状绒毛；叶柄长 2 ~ 5mm，密被棕色绒毛。壳斗杯状，包围坚果 1/2 ~ 2/3；小苞片长披针形，棕红色，张开或反曲；果卵形或椭圆形，长 1.5 ~ 2.3cm。

【地理分布】分布于东北东南部、华北、西北至长江流域和西南。

【繁殖方法】播种繁殖。

【园林应用】树形奇雅，叶大荫浓，秋叶红艳，是著名的秋色叶树种之一，可孤植，供遮荫用，或丛植、群植以赏秋季红叶，也可以作灌木处理，于窗前、中庭孤植。

【相近种类】槲栎 *Quercus aliena* Bl.

蒙古栎

Quercus mongolica Fisch. 栎属

【识别要点】落叶乔木，高达 30m。小枝粗壮，无毛，具棱。叶倒卵形，长 7 ~ 19cm，先端钝或短突尖，基部窄耳形，具 7 ~ 11 对圆钝齿或粗齿，下面无毛；侧脉 7 ~ 11 对；叶柄长 2 ~ 5mm，无毛。壳斗浅碗状，包围坚果 1/3 ~ 1/2，小苞片鳞形，具瘤状突起。果卵形或椭圆形，径 1.3 ~ 1.8cm，高 2 ~ 2.3cm。

【地理分布】分布于东北、内蒙古、河北、山西、山东等地；日本、朝鲜、俄罗斯也有分布。

【繁殖方法】播种繁殖。

【园林应用】为适生地区主要落叶阔叶树种之一。秋叶紫红色，别具风韵，也是优良的秋色叶树种。

【相近种类】辽东栎 *Quercus wutaishanica* Mayr.

沼生栎

Quercus palustris Muench. 栎属

【识别要点】落叶乔木，树皮暗灰褐色，不裂。小枝褐绿色，无毛。叶卵形或椭圆形，长 10 ~ 20cm，宽 7 ~ 10cm，顶端渐尖，基部楔形，边缘具 5 ~ 7 深裂，裂片再尖裂，两面无毛。壳斗杯形，包围坚果 1/4 ~ 1/3；小苞片鳞形，排列紧密；坚果长椭圆形，径 1.5cm，长 2 ~ 2.5cm，淡黄色。

【地理分布】原产美洲。河北、北京、辽宁、山东等省市有引种栽培，生长良好。

【繁殖方法】播种繁殖。

【园林应用】树冠宽大，扁球形，为优良行道树和庭荫树。

二十四、桦木科 Betulaceae

营养器官检索表

1. 芽无柄，芽鳞多枚
 2. 树皮纸质薄片状剥落
  3. 树皮暗橘红色，叶卵形或椭圆状卵形，侧脉 10 ～ 14 对……………红桦 *Betula albo-sinesnsis*
  3. 树皮白色，叶三角状卵形、菱状卵形或三角形，侧脉 5 ～ 8 对………白桦 *Betula platyphylla*
 2. 树皮不开裂或纵裂，叶卵形，叶背沿脉被绒毛，侧脉 8 ～ 10 对…………坚桦 *Betula chinensis*
1. 芽有柄，芽鳞 2 枚
 4. 叶卵圆形或近圆形，先端圆，具不规则粗锯齿和缺刻，侧脉 5 ～ 6 对…………辽东桤木 *Alnus sibirica*
 4. 叶倒卵状椭圆形或长椭圆形，先端尖，有细锯齿，侧脉 7 ～ 10 对……………日本桤木 *Alnus japonica*

白桦

Betula platyphylla Suk.　　桦木属

【识别要点】落叶乔木，高达 27m；树皮光滑，白色，纸质薄片状剥落，皮孔线形横生。叶三角状卵形、菱状卵形或三角形，下面密被树脂点，长 3 ～ 7cm，先端尾尖或渐尖，基部平截至宽楔形，有重锯齿；侧脉 5 ～ 8 对。雄花序长柱形，秋季形成，翌春开放，开放后呈典型葇荑花序特征，雄蕊 2；雌花序圆柱形。果序圆柱形，长 2 ～ 5cm；果苞长 3 ～ 6mm，3 裂，中裂片三角形，每苞 3 坚果。小坚果椭圆形或倒卵形，扁平，两侧具膜质翅。花期 4 ～ 5 月，果期 8 ～ 9 月。

【地理分布】分布于东北、华北和西南；俄罗斯，朝鲜北部和日本也有分布。

【繁殖方法】播种繁殖。

【园林应用】树皮洁白呈纸片状剥落，树体亭亭玉立，枝叶扶疏、秋叶金黄，是优美山地风景树种，在适宜地区也是优良的城市园林树种，孤植或丛植于庭院、草坪、池畔、湖滨，列植于道路两旁均颇美观。

红桦

Betula albo-sinesnsis Burkill 桦木属

【识别要点】高达 30m；树皮暗橘红色，纸质薄片状剥落，横生白色皮孔。小枝无毛。叶卵形或椭圆状卵形，基部圆形或阔楔形，长 4 ~ 9cm，有不规则重锯齿；侧脉 10 ~ 14 对。果序单生，稀 2 个并生，长 2 ~ 5.5cm，果苞中裂片显著长于侧裂片；坚果椭圆形。花期 4 ~ 5 月，果期 6 ~ 7 月。

【地理分布】分布于西北、华北至湖北、四川等地，多生于海拔 1500m 以上。

【繁殖方法】播种繁殖。

【园林应用】树皮橘红色，光洁亮丽，宜片植为风景林，在草坪上散植、丛植均佳。

坚桦

Betula chinensis Maxim. 桦木属

【识别要点】小乔木或灌木状；树皮不开裂或纵裂。芽、小枝密被长柔毛。叶卵形，叶背沿脉被绒毛，侧脉 8 ~ 10 对。果序单生，短，近球形，不下垂；果苞中裂片条状披针形，具须毛，较侧裂片长 2 ~ 3 倍；小坚果卵圆形，翅极窄。花期 4 ~ 5 月，果期 8 月。

【地理分布】产于吉林，辽宁，河北，河南，山西，陕西，山东，甘肃。垂直分布海拔 150 ~ 3500m

【繁殖方法】播种繁殖。

【园林应用】为北方优良硬木用材树种，也可栽培观赏。

日本桤木（赤杨）

Alnus japonica (Thunb.)Steud.　　　　桤木属

【识别要点】落叶乔木，高达20m；树皮灰褐色。冬芽有柄，芽鳞2。小枝被油腺点，无毛。叶倒卵状椭圆形、椭圆形或长椭圆形，长4 ~ 12cm，有细锯齿，下面脉腋有簇生毛；侧脉7 ~ 10对。萌枝之叶具粗锯齿。雄花序圆柱形，2 ~ 5枚排成总状，下垂；雄蕊4。果序呈球果状，椭圆形，2 ~ 5（8）枚排成总状，长1.2 ~ 2cm，果序梗长1cm。坚果椭圆形至倒卵形，具狭翅。花期2 ~ 3月，果期9 ~ 10月。

【地理分布】分布于东北、华北、华东和台湾；日本和朝鲜也有分布。

【繁殖方法】播种繁殖。

【园林应用】是低湿地、护岸固堤、改良土壤的优良造林树种，适于水边、池畔等处列植或丛植，庭院中植为庭荫树也颇适宜。

辽东桤木

Alnus sibirica Fisch. *ex* Turcz.　　　　桤木属

【识别要点】落叶乔木。幼枝褐色，密被灰色柔毛。叶卵圆形或近圆形，长4 ~ 9cm，先端圆，叶缘具不规则粗锯齿和缺刻，下面粉绿色；侧脉5 ~ 6（8）对。果序近球形或长圆形，2 ~ 8个集生，长1 ~ 2cm，果序梗长2 ~ 3mm。

【地理分布】分布于东北和山东，生于海拔700 ~ 1500m林内、溪边及低湿地。朝鲜，俄罗斯远东地区、西伯利亚，日本也有分布。

【繁殖方法】播种繁殖。

【园林应用】同日本桤木。

二十五、 榛科 Corylaceae

营养器官检索表

1. 侧脉 3 ~ 5 对，枝叶有腺毛，叶先端平截而有 3 突尖或凹缺…………榛子 *Corylus heterophylla*
1. 侧脉 9 对以上，枝叶无腺毛
 2. 侧脉 10 ~ 12 对，叶卵形、卵状椭圆形，基部楔形或圆形……鹅耳枥 *Carpinus turczaninowii*
 2. 侧脉 15 ~ 20 对，叶椭圆、状卵形，基部心形………………………………千金榆 *Carpinus cordata*

榛子

Corylus heterophylla Fisch. *ex* Trautv. 榛属

【识别要点】落叶灌木或小乔木，常丛生。叶片圆卵形或宽倒卵形，长 4 ~ 13cm，宽 3 ~ 8cm，先端近平截而有 3 突尖，基部心形，边缘有不规则重锯齿。雄花序 2 ~ 7 条排成总状，腋生、下垂。雌花无梗，1 ~ 6 朵簇生枝端。果苞钟状，密被细毛。坚果近球形，长 7 ~ 15mm。花期 4 ~ 5 月；果期 9 月。

【地理分布】分布于东北、华北和西北等地；俄罗斯、朝鲜和日本也产。

【繁殖方法】播种繁殖。植株基部萌蘖颇多，也可分株繁殖。

【园林应用】北方著名的油料和干果树种。株形丛生而自然，叶形奇特，可配植于自然式园林的山坡、山石旁或疏林下，也可植为绿篱。还是山区重要的绿化和水土保持灌木。

鹅耳枥

Carpinus turczaninowii Hance　　鹅耳枥属

【识别要点】落叶小乔木，高 5 ~ 10m。树皮灰褐色，平滑，老时浅裂。小枝细，幼时有柔毛。叶互生，卵形、卵状椭圆形，长 2 ~ 6cm，宽 1.5 ~ 3.5cm，先端渐尖，基部楔形或圆形，有重锯齿；侧脉 10 ~ 12 对。雄花序生于短侧枝之顶，雌花序生于具叶的长枝之顶。果序下垂，长 3 ~ 6cm，果苞阔卵形至卵形，有缺刻；小坚果阔卵形，长约 3mm。花期 4 ~ 5 月，果期 8 ~ 10 月。

【地理分布】分布于东北南部和黄河流域等地，常生于山坡杂木林中。

【繁殖方法】播种或分株繁殖。

【园林应用】树形自然，叶形秀丽，秋季果穗婉垂，最宜于公园草坪、水边丛植，也适于小型庭院堂前、石际、亭旁各处造景。

【相近种类】千金榆 *Carpinus cordata* Bl.

二十六、猕猴桃科 Actinidiaceae

营养器官检索表

1. 枝条髓心片状分隔，白色至褐色
  2. 叶片卵圆形至卵状长圆形，先端渐尖、突尖至尾尖，下面无绒毛
    3. 髓心白色；叶片无白斑；花绿白色或黄绿色，花药黑紫色……软枣猕猴桃 *Actinidia arguta*
    3. 髓心褐色；叶片有白块；花白色或粉红色，花药黄色…………狗枣猕猴桃 *Actinidia kolomikta*
  2. 叶片圆形、卵圆形或倒卵形，长 6 ~ 17cm，宽 7 ~ 15cm，先端微凹、平截或突尖，上面沿脉疏生毛，下面密生绒毛……………………………………中华猕猴桃 *Actinidia chinensis*
1. 枝条髓心为实心，白色，叶柄、叶脉疏生刺毛；叶片间有白斑……………葛枣猕猴桃 *Actinidia polygama*

中华猕猴桃

Actinidia chinensis Planch.　　猕猴桃属

【识别要点】落叶木质缠绕藤本。冬芽小，包于膨大的叶柄内。髓白色，片隔状。幼枝密生灰棕色柔毛。单叶互生，无托叶。叶圆形、卵圆形或倒卵形，长 6 ~ 17cm，宽 7 ~ 15cm，先端突尖、微凹或平截，叶缘有刺毛状细齿，上面暗绿色，沿脉疏生毛，下面密生绒毛。花 3 ~ 6 朵成聚伞花序；花乳白色，后变黄色，直径 3.5 ~ 5cm。浆果椭球形或近圆形，密被棕色茸毛。花期 4 ~ 6 月；果期 8 ~ 10 月。

【地理分布】广布于长江流域及其以南各地，北达陕西、河南。

【繁殖方法】扦插、嫁接、播种繁殖。

【园林应用】优良的庭院观赏植物和果树，花朵乳白，并渐变为黄色，芳香，果实大而多，可作棚架、绿廊、篱垣的攀援材料。

葛枣猕猴桃

Actinidia polygama(Sieb. et Zucc.)Maxim.　　猕猴桃属

软枣猕猴桃

【识别要点】落叶藤本，长 5 ~ 8m。枝条近无毛，髓部白色、实心。叶卵形或椭圆状卵形，长 7 ~ 14cm，宽 4.5 ~ 8cm，有细锯齿，先端渐尖，基部圆形至浅心形；有时叶面前端部变为白色或淡黄色。花 1 ~ 3 朵腋生，白色，芳香。萼 5，花瓣 5 ~ 6，花药黄色；子房瓶状，无毛。浆果卵球形，长 2.5 ~ 3cm，熟时黄色至淡桔红色，无毛，先端具小尖头，宿存萼片展开。花期 6 ~ 7 月，果期 9 ~ 10 月。

【地理分布】产东北、华北、西北至西南各地，生于中低海拔林下。俄罗斯、朝鲜、日本亦产。

【繁殖方法】扦插、播种或分根繁殖。

【园林应用】同中华猕猴桃。

【相近种类】狗枣猕猴桃 *Actinidia kolomikta* Maxim.，软枣猕猴桃 *Actinidia arguta*（Sieb. et Zucc.）Planch. ex Miq.

二十七、藤黄科 Clusiaceae

金丝桃

Hypericum monogyn um L. 金丝桃属

【识别要点】常绿或半常绿灌木，高约 1 m。全株光滑无毛；小枝红褐色。单叶对生，无柄，椭圆形或长椭圆形，长 4 ~ 8cm，基部渐狭略抱茎，背面粉绿色，网脉明显。花鲜黄色，径 4 ~ 5cm，单生枝顶或 3 ~ 7 朵成聚伞花序；花丝较花瓣长，基部合生成 5 束；花柱合生，长达 1.5 ~ 2cm，仅顶端 5 裂。蒴果，室间开裂，萼宿存。花期 6 ~ 7 月，果期 8 ~ 9 月。

【地理分布】分布于我国黄河流域以南地区，常见栽培。日本也有分布。

【繁殖方法】分株、扦插、播种繁殖。

【园林应用】株形丰满，花叶秀丽，花开于盛夏的少花季节，花色金黄，是夏季不可缺少的优美花木。适于丛植，可供草地、路旁、石间、庭院装饰，也可植为花篱。

二十八、椴树科 Tiliaceae

营养器官检索表

1. 乔木；托叶舌状，早落；叶柄长 3cm 以上
  2. 叶片下面无毛，或仅沿脉或脉腋有毛
    3. 叶常 3 裂状，锯齿粗疏，下面仅脉腋有簇生毛；花有退化雄蕊…………蒙椴 *Tilia mongolica*
    3. 叶不分裂，具细锯齿，下面沿脉有星状毛；花无退化雄蕊……………………紫椴 *Tilia amurensis*
  2. 叶下面密被星状毛；叶缘锯齿有芒状尖头……………………………………………糠椴 *Tilia mandshurica*
1. 灌木；托叶条状披针形，宿存；叶椭圆形或菱状卵形，下面密被黄褐色软茸毛；叶柄较短…………………………………………………………………………小花扁担杆 *Grewia biloba* var. *parviflora*

糠椴

Tilia mandshurica Rupr. et Maxim. 椴树属

【识别要点】落叶乔木，高达 20m；树冠广卵形。顶芽缺，侧芽单生，芽鳞 2。一年生枝黄绿色，密生灰白色星状毛；二年生枝紫褐色，无毛。单叶互生，卵圆形，基部常偏斜，长 8 ~ 10cm，宽 7 ~ 9cm，先端短尖，基部歪心形或斜截形，有粗大锯齿，齿尖芒状，长 1.5 ~ 2mm；表面近无毛，背面密生灰色星状毛；掌状脉。聚伞花序由 7 ~ 12 朵花组成，花序梗与一枚大而宿存的倒披针形苞片连生；花黄色，有香气，花瓣条形，长 7 ~ 8mm；退化雄蕊呈花瓣状。果实近球形，径 7 ~ 9mm，密生黄褐色星状毛。花期 7 ~ 8 月；果期 9 ~ 10 月。

【地理分布】分布于东北和内蒙古、河北、山东、河南等地；朝鲜和俄罗斯也有分布。

【繁殖方法】播种、分蘖或压条繁殖。种子后熟期长。

【园林应用】树冠整齐，树姿清丽，枝叶茂密，夏日满树繁花，花黄色而芳香，是优良的行道树和庭荫树。

紫椴

Tilia amurensis Rupr. 椴树属

【识别要点】落叶乔木，高达 25m；树皮平滑或浅纵裂。叶宽卵形至近圆形，长 4.5 ~ 6cm，宽 4 ~ 5.5cm，先端尾尖，基部心形，具细锯齿，上面无毛，下面脉腋有黄褐色簇生毛。花序有花 3 ~ 20 朵，黄白色，无退化雄蕊。果近球形，长 5 ~ 8mm，密被灰褐色星状毛。花期 6 ~ 7 月，果期 8 ~ 9 月。

【地理分布】分布于东北及山东、河北；俄罗斯和朝鲜也有分布。

【繁殖方法】播种、分蘖繁殖。

【园林应用】树体高大，树姿优美，夏季黄花满树，秋季叶色变黄，花序梗上的舌状苞片奇特美观，是优良的行道树和绿荫树。

【相近种类】蒙古椴 *Tilia mongolica* Maxim.

小花扁担杆

Grewia biloba G. Don var. *parviflora*(Bunge)Hand.-Mzt.　　扁担杆属

【识别要点】落叶灌木或小乔木；小枝被粗毛。单叶互生，椭圆形或菱状卵形，长 4 ~ 9cm，先端渐尖，基部圆形或阔楔形，锯齿不规则；基出 3 脉，叶柄、叶下面密被黄褐色星状毛。聚伞花序与叶对生，有花 3 ~ 8 朵；花淡黄绿色，径不足 1cm；萼片外面被毛，内面无毛；雌蕊柄长 0.5mm，子房有毛。核果橙黄色或红色，常有纵沟，2 ~ 4 分核。花期 6 ~ 7 月，果期 8 ~ 10 月。

【地理分布】分布于黄河流域至长江以南各地。

【繁殖方法】播种或分株繁殖。

【园林应用】果实橙红鲜艳，可宿存枝头数月之久，为良好观花、观果灌木，适于庭园、风景区丛植。果枝可瓶插。

二十九、梧桐科 Sterculiaceae

梧桐

Firmiana platanifolia (L. f.)Mars.　　梧桐属

【识别要点】落叶乔木，高 15 ~ 20m。树冠卵圆形；小枝粗壮；顶芽发达，密被锈色绒毛。干枝翠绿色，平滑。叶掌状 3 ~ 5 裂，裂片全缘，径 15 ~ 30cm，基部心形，表面光滑，下面被星状毛；叶柄约与叶片等长。圆锥花序长 20 ~ 50cm；萼 5 深裂，裂片花瓣状，长条形，黄绿色带红，开展或反卷，外面被淡黄色短柔毛；雄蕊 10 ~ 15，合生成筒状，花药聚生于雄蕊筒顶端。蓇葖果 5 裂，开裂呈匙形；种子球形，皱缩。花期 6 ~ 7 月，果期 9 ~ 10 月。

【地理分布】原产中国及日本，黄河流域以南至华南、西南广泛栽培。

【繁殖方法】播种繁殖为主，也可扦插、分根。

【园林应用】树干端直，干枝青翠，绿荫深浓，叶大而形美，为优美的庭荫树和行道树，于草地、庭院孤植或丛植均相宜。

三十、 锦葵科 Malvaceae

营养器官检索表

1. 叶卵形或菱状卵形，长 3 ~ 6cm，基部楔形，3 浅裂……………………………木槿 *Hibiscus syriacus*
1. 叶广卵形，长 7 ~ 15cm，基部心形，3 ~ 7 裂……………………………………木芙蓉 *Hibiscus mutabilis*

木槿

Hibiscus syriacus L. 木槿属

【识别要点】落叶灌木，高 2 ~ 5m。小枝幼时密被绒毛，后脱落。叶卵形或菱状卵形，长 3 ~ 6cm，基部楔形，常 3 裂，有钝齿，背面脉上稍有毛；3 出脉。花单生叶腋；萼 5 裂，宿存，副萼较小；花瓣 5，紫色、白色或红色，基部与雄蕊筒合生，或重瓣。蒴果卵圆形，密生星状绒毛；室背 5 裂。种子肾形，有黄褐色毛。花期 6 ~ 9 月；果 9 ~ 11 月成熟。

【地理分布】产东亚，中国广泛分布，江西庐山牯岭发现仍有野生者，自东北南部至华南各地常见栽培。

【繁殖方法】播种、扦插、压条繁殖。

【园林应用】夏秋开花，花期长而花朵大，是优良的花灌木，园林中宜作花篱，或丛植于草坪、林缘、池畔、庭院各处。

木芙蓉（芙蓉花）

Hibiscus mutabilis L.

木槿属

【识别要点】落叶灌木或小乔木，高 8m，在华北地区栽培一般呈丛生状，高约 1m，秋末枯萎，来年由宿根再发枝芽。小枝、叶片、叶柄、花萼均密被星状毛和短柔毛。叶广卵形，宽 7 ~ 15cm，掌状 3 ~ 5（7）裂，基部心形，缘有浅钝齿。花单生枝端叶腋，径达 8 ~ 10cm，白色、淡紫色至深红色；花梗长 5 ~ 8cm，近顶端有关节。蒴果扁球形，有黄色刚毛及绵毛，果瓣 5；种子肾形，有长毛。花期（8）9 ~ 10 月；果期 10 ~ 11 月。

【地理分布】原产湖南，各地习见栽培。

【繁殖方法】扦插、压条、分株、播种繁殖。

【园林应用】中国传统庭园花木，花大而美丽，花期晚，有拒霜花之名。最宜植于池畔、水滨，波光花影，相映益妍；群植、丛植于庭院一隅、房屋周围、亭廊之侧一亦适宜。

三十一、 大风子科 Flacourtiaceae

毛叶山桐子

Idesia polycarpa Maxim. var. *versicolor* Diels.　　山桐子属

【识别要点】落叶乔木，高达 8 ~ 15m，树冠球形；树皮灰色，光滑；枝条近轮生。单叶互生，卵形或长椭圆状卵形，先端渐尖，基部心形，长 12 ~ 23cm，叶缘疏生锯齿，上面散生黄褐色毛，下面密生白色短柔毛；叶柄有 2 ~ 4 个紫色扁平腺体。圆锥花序下垂，长达 20 ~ 25cm；花黄绿色，芳香；花萼（3 ~ 6），两面有密柔毛；雄蕊多数；子房 1 室。浆果球形，红色或红褐色，径 7 ~ 8mm。花期 5 ~ 6 月；果期 9 ~ 10 月。

【地理分布】产秦岭、大别山、伏牛山以南各地；日本和朝鲜也有分布。在北京、山东等地均生长良好。

【繁殖方法】播种繁殖。

【园林应用】树形开展，春季繁花满树，芬芳扑鼻，入秋红果串串，挂满枝头，是优良的观赏果木，秋叶经霜也变为黄色。宜丛植于庭院房前、草地，也可列植于道路两侧。

三十二、柽柳科 Tamaricaceae

柽柳

Tamarix chinensis Lour.

柽柳属

【识别要点】落叶灌木或小乔木，高达 7m；树冠圆球形；树皮红褐色。小枝红褐色或淡棕色；非木质化小枝纤细，冬季凋落。叶钻形或卵状披针形，抱茎，长 1 ~ 3mm，先端渐尖。总状花序集生为圆锥状复花序，多柔弱下垂；花粉红或紫红色，苞片线状披针形；雄蕊 5；柱头 3 裂。蒴果，长 3 ~ 3.5mm，3 瓣裂。花期 4 ~ 9 月。

【地理分布】分布广，主产东北南部、海河流域、黄河中下游至淮河流域。

【繁殖方法】扦插繁殖，也可分株、压条和播种繁殖。

【园林应用】柽柳婀娜多姿，紫穗红英，艳艳灼灼，花期甚长，是优美的园林树种，适于池畔、堤岸、山坡丛植，也可植为绿篱，尤其是在盐碱和沙漠地区，更是重要的观赏花木。

三十三、 杨柳科 Salicaceae

营养器官检索表

1. 小枝较粗，顶芽发达，芽鳞多数；花序下垂，苞片不规则缺裂，花盘杯状
 2. 长枝及萌生枝的叶 3 ~ 5 裂，下面密生不脱落的白色绒毛
  3. 树冠广卵或圆球形；树皮灰白色；叶分裂较浅，裂片先端钝尖…………银白杨 *Populus alba*
  3. 树冠圆柱或尖塔形，侧枝开张角度小；树皮灰绿色；叶分裂较深，裂片先端尖……新疆杨 *Populus alba* var. *pyramidali*s
 2. 长枝及萌生枝的叶不分裂，最多有缺刻状锯齿
  4. 叶缘具缺刻状或具波状锯齿
   5. 叶缘为缺刻状或深波状；芽有毛，短枝的叶三角状卵形…………毛白杨 *Populus tomentosa*
   5. 叶缘为浅波状；芽无毛或仅芽鳞边缘有毛；叶近圆形…………………山杨 *Populus davidiana*
  4. 叶缘具细锯齿
   6. 叶缘有半透明的窄边
    7. 树冠窄圆柱形；短枝的叶卵形、菱状卵形，稀三角形；叶缘无毛
     8. 树皮粗糙，灰褐色；短枝的叶基部宽楔形或圆形……….钻天杨 *Populus nigra* var. *italica*
     8. 树皮光滑，灰白色；短枝的叶基部楔形…………………箭杆杨 *Populus nigra* var. *thevestina*
    7. 树冠宽阔；短枝的叶近三角形；叶缘有毛……………………加拿大杨 *Populus* × *canadensis*
   6. 叶缘无半透明的窄边；小枝有棱，叶菱状卵形至菱状倒卵形………小叶杨 *Populus simonii*
1. 小枝细，无顶芽，侧芽芽鳞 1；花序直立，苞片全缘，花有腺体 1 ~ 2，无花盘
 9. 叶互生
  10. 叶较窄，长一般为宽的 4 倍或 4 倍以上
   11. 小枝直立或斜展，不下垂
    12. 小枝不蟠曲
     13. 树冠广卵形……………………………………………………………旱柳 *Salix matsudana*
     13. 树冠半球形…………………………………………馒头柳 *Salix matsudana* 'Umbraculifera'
    12. 小枝蟠曲向上，末端稍下垂，叶披针形，下面苍白色……………龙爪柳 *Salix matsudana* 'Tortuosa'
   11. 小枝下垂，叶狭披针形或条状披针形，长 9 ~ 16cm……………………垂柳 *Salix babylonica*
  10. 叶椭圆状披针形至椭圆形、卵圆形，较宽，长 4 ~ 8（10）cm，宽 1.8 ~ 3.5（4）cm，长为宽的 2 ~ 3 倍，嫩叶常呈紫红色……………………………………河柳 *Salix chaenomeloides*
 9. 叶对生或近对生，萌生枝上有时 3 叶轮生
  14. 叶绿色………………………………………………………………………杞柳 *Salix intega*
  14. 新叶绿粉色底带有粉白色斑纹，老叶变为黄绿色……花叶杞柳 *Salix intega* 'Hakuro-nishiki'

毛白杨

Populus tomentosa Carr.　　杨属

【识别要点】落叶乔木，高达30m；树冠卵圆形或圆锥形；树皮灰绿色至灰白色，皮孔菱形。小枝较粗，萌枝髓心五角形。顶芽发达，芽鳞多数。芽卵形，略有绒毛。单叶互生，长枝之叶三角状卵形，短枝之叶三角状卵圆形。叶缘有波状缺刻或锯齿；叶柄上部扁平，常有2～4腺体。花单性异株，柔荑花序。花生于苞片腋部，无花被；苞片具不规则缺裂，花盘杯状。雌株大枝较为平展，花芽小而稀疏；雄株大枝多为斜生，花芽大而密集。蒴果2裂；种子细小，有长丝状毛。花期2～3月；果期4～5月。

【变　　型】抱头毛白杨 f. *fastigiata* Y. H. Wang，侧枝紧抱主干，树冠狭长呈柱状。

【地理分布】中国特有树种，产辽宁南部、河北、山东、山西、河南、安徽、江苏、浙江、江西北部、湖北、陕西、甘肃、宁夏、新疆及青海，黄河流域中、下游为中心分布区，生于海拔2000m以下平原地区。

【繁殖方法】埋条、扦插、嫁接和分蘖等法繁殖，以嫁接法应用最多。

【园林应用】树干通直，树皮灰白，树体高大、雄伟，可作庭荫树或行道树，因树体高大，尤其适于孤植或丛植于大草坪上，或列植于广场、主干道两侧。

三十三、杨柳科

银白杨

Populus alba L. 杨属

【识别要点】高 15 ~ 30m，树干常不直，雌株更甚；树冠广卵形或圆球形；树皮灰白色，光滑，老时深纵裂。幼枝、叶及芽密被白色绒毛，老叶背面及叶柄密被白色毡毛。长枝之叶阔卵形或三角状卵形，长 5 ~ 10cm，宽 3 ~ 8cm，掌状 3 ~ 5 裂，有三角状粗齿；短枝之叶较小，卵形或椭圆状卵形，长 4 ~ 8cm，宽 2 ~ 5cm，叶缘有波状齿。雄花序长 3 ~ 6cm，苞片长约 0.3cm，雄蕊 8 ~ 10，花药紫红色；雌花序长 5 ~ 10cm，雌蕊具短柄，柱头 2 裂。蒴果圆锥形，长约 0.5cm，无毛，2 瓣裂。花期 4 ~ 5 月；果期 5 ~ 6 月。

【变　　种】新疆杨 var. *pyramidalis* Bunge，树冠圆柱形或尖塔形，枝条直立，侧枝开张角度小；树皮灰白或灰绿色，光滑。产于新疆，南疆较多；中国北方各省区有栽培。

【地理分布】分布于欧洲、北非、亚洲西部和西北部，我国仅新疆有野生天然林分布。西北、华北、辽宁南部及西藏等地有栽培。

【繁殖方法】嫁接、扦插、分蘖繁殖。

【园林应用】同毛白杨。

加拿大杨（欧美杨）

Populus × *canadensis* Moench. 杨属

【识别要点】高达 30m，树冠宽阔；树皮纵裂。小枝在叶柄下具 3 条棱脊，无毛；冬芽多粘质，先端不紧贴枝条。叶近三角形，长 7 ~ 10cm，先端渐尖，基部截形，锯齿钝圆，叶缘半透明，两面无毛；叶柄扁平而长，有时顶端有 1 ~ 2 个腺体。雄花序长 7 ~ 15cm，花序轴光滑，苞片淡黄绿色，花药紫红色。果序长达 27cm，蒴果长圆形，长 0.8cm，2 ~ 3 瓣裂。雄株多，雌株少。花期 4 月；果期 5 ~ 6 月。

【地理分布】系美洲黑杨（*P. deltoides* Marsh.）与欧洲黑杨（*P. nigra* L.）的杂交种，品种繁多，广植于北半球温带。我国 19 世纪中叶引入，普遍栽培，尤以华北、东北及长江流域为多。

【繁殖方法】扦插繁殖。

【园林应用】生长速度快，树体高大，树冠宽阔，叶片大而具光泽，夏季绿荫浓密，是优良的庭荫树、行道树、公路树及防护林材料。

小叶杨

Populus simonii Carr.　　杨属

【识别要点】乔木，高达 20m，树冠广卵形。树皮暗灰色，粗糙纵裂。小枝光滑，萌条及长枝有显著棱角。冬芽瘦尖，有粘胶。叶菱状倒卵形至菱状椭圆形，长 4 ~ 12cm，中部以上最宽，先端短尖，基部楔形，具细钝锯齿，背面苍白色；叶柄近圆形，常带淡红色，表面有沟槽，无腺体。雄花序长 2 ~ 7cm，雌花序长 2 ~ 6cm。蒴果无毛，2 瓣裂。花期 3 ~ 4 月；果期 4 ~ 5 月。

【地理分布】产东北、华北、西北、华东及四川、云南，多生于海拔 2000 ~ 3800m。朝鲜也有分布。

【繁殖方法】播种或扦插繁殖。

【园林应用】适作行道树、庭荫树，也是防风固沙、保持水土、护岸固堤的重要树种。

山杨

Populus davidiana Dode　　杨属

【识别要点】高达 25m，树冠圆球形。树皮灰绿色或灰白色，老时黑褐色，粗糙。小枝圆柱形，赤褐色，无毛。叶三角状卵圆形或近圆形，长宽约 3 ~ 6cm，边缘具有浅波状齿；叶柄侧扁，有时有不显著腺体。果序长达 12cm；果卵状圆锥形，无毛，2 瓣裂，有短梗。花期 3 ~ 4 月，果期 4 ~ 5 月。

【地理分布】产于东北、华北、西北、华中至西南高山。俄罗斯、朝鲜也有分布。

【繁殖方法】播种或分株繁殖。

【园林应用】树形优美，白皮类型的树皮灰白色，早春新叶红色。是优良的山地风景林树种，也可用于营造防护林。

箭杆杨

Populus nigra L. var. *thevestina* (Dode)Bean　　杨属

【识别要点】树冠窄圆柱形。树皮灰白色，幼时光滑，老时基部稍裂。叶片三角状卵形至卵状菱形，先端渐尖至长尖，基部楔形至圆形，两面无毛，边缘半透明，具钝细齿。只有雌株。

【地理分布】华北、西北各地广为栽培，欧洲、西亚和北非也有栽培，至今未发现野生。

【繁殖方法】扦插繁殖。

【园林应用】树姿优美，冠形窄圆紧凑，常用作公路树、农田防护林及“四旁”绿化树种。

【相近种类】钻天杨 *Populus nigra* L. var. *italica*（Moench.）Koehne，又名美国白杨。树冠圆柱形，树皮灰褐色，叶片宽大于长，边缘半透明，多为雄株。黄河流域至长江流域广为栽培，起源不明。

胡杨

Populus euphratica Oliv.　　杨属

【识别要点】株高 10 ～ 15m，稀灌木状；树冠球形。小枝细圆，灰绿色，幼时被毛。幼树及萌枝之叶披针形或条状披针形，长 5 ～ 12cm，宽 0.3 ～ 2cm，全缘或疏生锯齿；大树之叶叶卵形、扁圆形、肾形、三角形或卵状披针形，长 2 ～ 5cm，宽 3 ～ 7cm，上部缺刻或全缘，灰绿或淡蓝绿色；叶柄稍扁，长 1 ～ 3.5cm，顶端具 2 腺体。雄花序长 2 ～ 3cm，被绒毛。果序长 9cm；果长卵圆形，长 1 ～ 1.2cm，2（3）裂，无毛。花期 5 月；果期 6 ～ 7 月。

【地理分布】分布于新疆、青海、内蒙古、甘肃等地。蒙古、俄罗斯以及埃及、印度、阿富汗、巴基斯坦等国也有分布。

【繁殖方法】播种繁殖。

【园林应用】胡杨以强大生命力闻名，素有“大漠英雄树”的美称，是分布区生态林建设的重要树种，也可栽培观赏。

旱柳

Salix matsudana Koidz.

柳属

【识别要点】落叶乔木；树冠倒卵形。小枝细，无顶芽，侧芽芽鳞1。枝条直伸或斜展，嫩枝有毛，后脱落，淡黄色或绿色，后变褐色。单叶互生，披针形，长5 ~ 10cm，宽1 ~ 1.5cm，背面微被白粉；叶柄长5 ~ 8mm。花单性异株，柔荑花序，直立，花生于苞片腋部，无花被；苞片全缘；雄蕊2，花丝分离；雌花子房背腹面各具1个腺体。蒴果2裂，种子有白色长毛。花期3 ~ 4月，果期4 ~ 5月。

【品　　种】馒头柳‘Umbraculifera’，分枝密，枝条端梢齐整，形成半圆形树冠，状如馒头。龙爪柳‘Tortuosa’，枝条扭曲向上。

【地理分布】我国广布树种，以黄河流域为分布中心，南至淮河流域和江浙，西至甘肃和青海，是北方平原地区常见的乡土树种之一。日本、朝鲜、俄罗斯也有分布。

【繁殖方法】扦插繁殖，也可进行播种繁殖。

【园林应用】树冠丰满，生长迅速，发叶早、落叶迟，是北方常用的庭荫树和行道树，也常用作公路树、防护林及沙荒地造林、农村“四旁”绿化。

垂柳

Salix babylonica L.

柳属

【识别要点】落叶乔木，高20m；树冠倒广卵形。小枝细长下垂，无毛，淡黄褐色或带紫色。叶狭披针形或条状披针形，长9 ~ 16cm，宽0.5 ~ 1.5cm，无毛或幼叶微有毛，背面淡绿色；叶柄长5 ~ 10mm；托叶披针形。雄花序长1.5 ~ 3cm，雌花序长2 ~ 5cm，苞片披针形；雄蕊2，花丝分离，花药黄色，腺体2；雌花子房仅腹面具1个腺体，背面无腺体。花期3 ~ 4月；果期4 ~ 5月。

【地理分布】分布于长江流域及黄河流域，全国各地普遍栽培。

【繁殖方法】扦插繁殖。

【园林应用】枝条细长，随风飘舞，姿态优美潇洒，早春金黄，生长迅速，自古以来深受我国人民喜爱。可作庭荫树、行道树，亦适用于工厂绿化，最宜配植在水边，如桥头、池畔、河流、湖泊沿岸等处，还是固堤护岸的重要树种。

三十三、杨柳科

河柳

Salix chaenomeloides Kimura.　　柳属

【识别要点】落叶乔木，小枝褐色或红褐色。小枝较粗；叶片宽大，椭圆状披针形至椭圆形、卵圆形，长 4 ~ 8（10）cm，宽 1.8 ~ 3.5（4）cm，边缘有腺齿，下面苍白色，嫩叶常呈紫红色；叶柄顶端有腺点；托叶半圆形。雄蕊 3 ~ 5，花丝基部有毛，腺体 2；子房仅腹面有 1 腺体。果穗中轴有白色柔毛。花期 4 月；果期 5 月。

【地理分布】分布于辽宁南部、黄河中下游至长江中下游。

【繁殖方法】播种、扦插繁殖。

【园林应用】常种植水旁，为重要护堤、护岸的绿化树种。

杞柳

Salix integra Thunb.　　柳属

【识别要点】落叶灌木，高 1 ~ 3m。小枝淡红色，无毛。芽卵形，黄褐色，无毛。叶近对生或对生，披针形或条状长圆形，长 2 ~ 5cm，宽 1 ~ 2cm，先端短渐尖，基部圆或微凹，背面苍白色，全缘或上部有尖齿，两面无毛；萌枝叶常 3 枚轮生。花序对生，稀互生。蒴果长 0.2 ~ 0.3cm，被柔毛。花期 5 月；果期 6 月。

【品　　种】花叶杞柳‘Hakuro-nishiki’，新叶绿粉色底带有粉白色斑纹，老叶变为黄绿色。

【地理分布】产黑龙江、吉林、辽宁、内蒙古、河北、河南、山东及安徽南部，生于 80 ~ 2100m 山地河边、湿草地。俄罗斯东部、朝鲜及日本亦有分布。

【繁殖方法】扦插繁殖。

【园林应用】株丛茂密，适于湿地、水边造景应用。枝条柔软，是编筐的优良材料。

三十四、海桐花科 Pittosporaceae

海桐

Pittosporum tobira (Thunb.)Ait. 海桐花属

【识别要点】常绿灌木或小乔木，高达可6m。树冠圆球形，浓密。小枝及叶常集生于枝顶。叶互生，倒卵状椭圆形，长5 ~ 12cm，先端圆钝或微凹，基部楔形，边缘反卷，全缘，两面无毛。伞房花序顶生，花白色或黄绿色，径约1cm，芳香。蒴果卵球形，长1 ~ 1.5cm，3瓣裂；种子鲜红色，有黏液。花期5月，果期10月。

【地理分布】黄河以南地区常见栽培。分布于中国东南沿海和日本、朝鲜。

【繁殖方法】播种或扦插繁殖。

【园林应用】枝叶茂密，叶色浓绿而有光泽，经冬不凋，初夏繁花如雪，入秋果实变黄，种子红色宛如红花，是园林中常用的观赏树种。常用作绿篱和基础种植材料，可修剪成球形用于园林点缀，孤植、丛植于草坪边缘，或对植于入口处、列植于路旁、台坡。

三十五、虎耳草科 Saxifragaceae

营养器官检索表

1. 叶对生，偶轮生，不分裂；子房2 ~ 4室，蒴果
 2. 叶基出3 ~ 5脉，枝条髓心充实，白色，芽小，常包藏于叶柄基部；花4出数
  3. 叶表面疏生、背面密生柔毛；枝条幼时密生柔毛，花白色，萼片有柔毛……………山梅花 *Philadelphus incanus*
  3. 叶背面无毛或脉腋、脉上疏生柔毛，花萼无毛
   4. 叶片两面无毛或偶而下面脉腋有簇毛，叶柄带紫色；花多少带乳黄色………………太平花 *Philadelphus pekinensi*
   4. 叶片下面脉腋有簇毛，有时脉上也有毛，花白色……西洋山梅花 *Philadelphus coronarius*
 2. 叶羽状脉，枝条髓心中空或疏松，白色或黄色
  5. 植物体有星状毛；小枝髓心中空。花序无不孕花

6. 叶下面密生星状毛

7. 小枝红褐色，幼时有星状柔毛；叶两面绿色；圆锥花序具多花………溲疏 *Deutzia crenata*

7. 小枝灰褐色，无毛；叶下面灰白色；聚伞花序有花 1 ~ 3 朵……大花溲疏 *Deutzia grandiflora*

6. 叶下面疏生星状毛，沿脉有单毛，小枝疏生星状毛………………小花溲疏 *Deutzia parviflora*

5. 植物体无星状毛；小枝髓心疏松，花序边缘具大型不孕花

8. 小枝粗壮，叶倒卵形至椭圆形，长 7 ~ 20cm，有粗锯齿；伞房花序近球形…………… 绣球 *Hydrangea macrophylla*

8. 小枝较细，叶卵形或椭圆形，花序较疏松

9. 叶片对生或 3 片轮生，下面脉上被长柔毛；圆锥状聚伞花序，不孕花多………… 圆锥绣球 *Hydrangea paniculata*

9. 叶对生，下面密生卷曲的细柔毛和直的长柔毛，伞房状聚伞花序，具少数不孕花…………
………………………………………………………………………… 东陵绣球 *Hydrangea bretschneideri*

1. 叶互生或于短枝上簇生，常 3 ~ 5 浅裂；子房 1 室，浆果（茶藨子属 Ribes）

10. 叶两面疏生柔毛，基部心形；雌雄异株，花簇生叶腋……… 华茶藨 *Ribes fasciculatum* var. *chinense*

10. 叶基部截形或楔形，背面有短柔毛；总状花序………………………… 香茶藨子 *Ribes odoratum*

山梅花

Philadelphus incanus Koehne　　山梅花属

【识别要点】落叶灌木，高达 1.5 ~ 3.5m。茎皮常剥落；枝髓白色。2 年生小枝灰褐色，表皮呈薄片状剥落；当年生小枝浅褐色或紫红色，被微毛或无毛。单叶对生，卵形或阔卵形，长 6 ~ 12.5cm，宽达 10.5cm，基出 3 ~ 5 脉；花枝上的叶较小，卵形至卵状披针形，具疏锯齿，上面被刚毛，下面密被白色长粗毛。总状花序有花 5 ~ 7（11）朵，下部的分枝有时具叶；花白色，径 2.5 ~ 3cm，无香味；花序轴、花梗、花萼外面均被毛；萼片、花瓣 4，雄蕊多数，子房 4 室，下位或半下位；花柱长约 5mm。蒴果倒卵形，长 7 ~ 9mm，萼片宿存。花期 5 ~ 6 月；果期 7 ~ 9 月。

【地理分布】分布于中国中部和西部，常生于海拔 1200 ~ 1700m 林缘灌丛中。

【繁殖方法】播种、分株、压条、扦插繁殖均可，以分株应用较多。

【园林应用】花朵洁白如雪，花期长，且盛开于初夏，可作庭院和风景区绿化材料，宜丛植或成片种植在草地、山坡、林缘，与建筑、山石配植也适宜，还可植为自然式花篱。

太平花（京山梅花）

Philadelphus pekinensis Rupr.

山梅花属

【识别要点】落叶灌木，高 1 ~ 2m；二年生小枝紫褐色；当年生小枝无毛，黄褐色。叶卵形或阔椭圆形，长 6 ~ 9.5cm，宽 2.5 ~ 4.55cm，叶缘有疏齿；两面无毛或下面脉腋有簇毛；叶柄带紫色，长 5 ~ 12mm，无毛。总状花序有花 5 ~ 7（9）朵，花瓣白色并常多少带乳黄色，微香，花萼外面、花梗及花柱均无毛，花柱与雄蕊等长，先端稍分裂。蒴果球形或倒圆锥形，直径 5 ~ 7mm。花期 5 ~ 7 月；果期 8 ~ 10 月。

【地理分布】分布于中国东北、西北、华北、湖北等地，生于海拔 700 ~ 900m 山坡杂木林中或灌丛中，北方各地庭园常有栽培。朝鲜也有分布。

【繁殖方法】播种、分株、压条、扦插繁殖。

【园林应用】同山梅花。

【相近种类】西洋山梅花 *Philadelphus coronarius* L.

溲疏（齿叶溲疏）

Deutzia crenata Sieb. et Zucc.

溲疏属

【识别要点】落叶灌木，茎皮常片状剥落。老枝灰色，无毛。小枝中空，红褐色，有星状毛。单叶对生，羽状脉。叶片卵形至卵状披针形，长 5 ~ 8cm，宽 1 ~ 3cm，叶缘具细圆锯齿，上面疏被 4 ~ 5 条辐线星状毛，下面稍密被 10 ~ 15 辐线星状毛，毛被不连续覆盖；侧脉 3 ~ 5 对；叶柄疏被星状毛。圆锥花序直立，长 5 ~ 10cm，直径 3 ~ 6cm；花萼密被锈褐色星状毛；花冠直径 1.5 ~ 2.5cm，白色或带红晕；花序、花梗、萼筒、萼裂片均疏被星状毛；花柱 3 ~ 5，离生。蒴果半球形，直径约 4mm。花期 4 ~ 5 月，果期 8 ~ 10 月。

【地理分布】原产日本。中国长江流域常见栽培或逸为野生，华北地区也有栽培。

【繁殖方法】扦插、分株、压条或播种繁殖。

【园林应用】花朵洁白，初夏盛开，繁密而素净，宜丛植于草坪、林缘、山坡，也是花篱和岩石园材料。

大花溲疏

Deutzia grandiflora Bunge 溲疏属

【识别要点】老枝紫褐色，无毛。花枝开始极短，后延长达 4cm，黄褐色。叶卵状菱形或椭圆状卵形，长 2 ～ 5.5cm，宽 1 ～ 3.5cm，边缘具大小相间的不整齐锯齿；上面被 4 ～ 6 条辐线星状毛；下面灰白色，密被 7 ～ 11 辐线星状毛；侧脉 5 ～ 6 对。聚伞花序生于侧枝顶端，有花 1 ～ 3 朵；花白色，直径 2.5 ～ 3cm；花梗、萼筒密被星状毛；萼片线状披针形，长为萼筒的 2 倍，疏被星状毛。蒴果半球形。花期 4 ～ 6 月，果期 9 ～ 11 月。

【地理分布】分布于东北南部、华北、西北等地，多生于山谷、路旁岩缝及丘陵低山灌丛中。朝鲜亦产。

【繁殖方法】播种、分株繁殖。

【园林应用】花朵较大，可栽培观赏。

小花溲疏

Deutzia parvifiora Bunge 溲疏属

【识别要点】落叶灌木，高可达 2m。树皮片状剥落，小枝褐色，疏被星状毛。叶卵形至窄卵形，长 3 ~ 6cm，顶端渐尖，具细齿，两面疏被星状毛，背面灰绿色。伞房花序，径约 4 ~ 7cm；花白色，径 1 ~ 1.2cm，花丝顶端有 2 齿。蒴果径 2 ~ 2.5mm，种子纺锤形。花期 5 月，果期 8 月。

【地理分布】产中国东北、华北和西北，生于林缘、林内和灌丛中。

【繁殖方法】播种或分株繁殖。

【园林应用】花期初夏，花朵繁密，落花如雪，十分美观，而且对光照适应性强，可广泛应用于城市园林造景中。

绣球（八仙花）

Hydrangea macrophylla (Thunb.)Ser. 绣球属

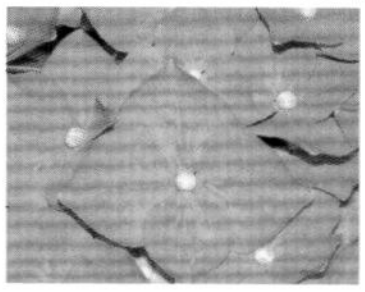

【识别要点】落叶灌木，树皮片状剥落。小枝粗壮，无毛，皮孔明显；髓心大，白色。单叶对生，羽状脉。叶片倒卵形至椭圆形，长 6 ~ 15cm，宽 4 ~ 11cm，两面无毛，有粗锯齿，叶柄粗壮，长 1 ~ 3.5cm。伞房状聚伞花序近球形，直径 8 ~ 20cm，分枝粗壮，近等长，密被紧贴短柔毛；花密集，多数不育；不育花之扩大之萼片（假花瓣）4，卵圆形、阔倒卵形或近圆形，粉红色、蓝色或白色；可孕花极少数，雄蕊 10 枚，子房下位或半下位，2 ~ 5 室。蒴果。花期 6 ~ 8 月。

【地理分布】分布于长江流域至华南、西南，北达河南，生于山谷溪边或山顶疏林中。长江以南各地庭园中常见栽培，华北南部可露地越冬。日本和朝鲜也有分布。

【繁殖方法】扦插、压条或分株繁殖。

【园林应用】生长茂盛，花序大而美丽，花色多变，耐荫性强。适于配植在林下、水边、建筑物阴面、窗前、假山、山坡、草地等各处，宜丛植。

圆锥绣球

Hydrangea paniculata Sieb. 绣球属

【识别要点】落叶灌木或小乔木，高 1 ~ 5 m。小枝稍带方形，初时被疏柔毛。叶纸质，对生或 3 片轮生，卵形或椭圆形，长 5 ~ 14 cm，宽 2 ~ 6.5 cm，上面无毛或被稀疏糙伏毛，下面脉上被长柔毛；侧脉 6 ~ 7 对。圆锥状聚伞花序尖塔形，长达 26cm，顶生，花序轴和分枝密被柔毛；不孕花较多，白色，萼片 4，阔椭圆形或近圆形，不等大，结果时长 1 ~ 1.8 cm，宽 0.8 ~ 1.4 cm，全缘；可孕花白色，花萼筒陀螺状，长 1mm，花瓣长 2.5 ~ 3mm，子房半下位。蒴果椭圆形，长约 5mm。花期 8 ~ 9 月；果期 10 ~ 11 月。

【地理分布】分布于甘肃、长江流域至华南、西南各地；日本也有。各地常见栽培。

【繁殖方法】播种、分株扦插繁殖。

【园林应用】夏秋季开花，花序大而美，适于公园、庭院丛植观赏，可配置于园路两侧、庭中堂前、窗下墙边。

【相近种类】东陵绣球 *Hydrangea bretschneideri* Dipp.

香茶藨子

Ribes odoratum Wendl　　茶藨子属

【识别要点】落叶灌木，高 1 ~ 2m。幼枝灰褐色，无刺，有短柔毛。单叶互生，倒卵形或圆肾形，长 3 ~ 4cm，宽 3 ~ 5cm，3 ~ 5 裂，基部截形或楔形，有粗齿，背面有短柔毛。总状花序具花 5 ~ 10 朵，花序轴密生柔毛，苞片卵形、叶状；花两性，萼筒细长，萼裂片黄色；花瓣小，浅红色，长仅为萼片之半。浆果球形或椭圆形，黄色或黑色，长 8 ~ 10mm。花期 4 ~ 5 月，果期 7 ~ 8 月。

【地理分布】原产北美洲，华北地区引种栽培。

【繁殖方法】播种和分株繁殖。

【园林应用】花朵繁密，颇似丁香之形，黄色或红色、芳香，果实黄色，是花果兼赏的花灌木，适于庭院、山石、坡地、林缘丛植。

【相近种类】华茶藨 *Ribes fasciculatum* Sieb. et Zucc. var. *chinense Maxim*.

三十六、蔷薇科 Rosaceae

营养器官检索表

1. 单叶
 2. 叶互生
  3. 叶全缘（或在白鹃梅中先端有时有少数浅钝齿）
   4. 叶二列状排列，灌木，有时匍匐状
    5. 直立灌木
     6. 叶两面无毛或仅幼时下面有绒毛，叶卵形，长 2 ~ 5cm…… 水栒子 *Cotoneaster multiflorus*
     6. 叶两面尤其是下面、花序梗、花梗、花萼密被绒毛，叶椭圆形至卵形，顶端圆钝，花浅红色，聚伞花序有花 3 ~ 13 朵……………………………………… 西北栒子 *Cotoneaster zabelii*
    5. 匍匐灌木，落叶或半常绿；枝水平开张成整齐二列；叶近圆形至宽椭圆形，长 0.5 ~ 1.5cm，下面疏生平伏柔毛……………………………………………平枝栒子 *Cotoneaster horizontalis*
   4. 叶螺旋状排列
    7. 小乔木，嫩枝密生黄色绒毛，叶卵形至椭圆状卵形，长 5 ~ 10cm，下面密被长柔毛……………………………………………………………………………………………………榅桲 *Cydonia oblonga*

7. 灌木，嫩枝光滑无毛，叶无毛，椭圆形至倒卵状椭圆形，长 3.5 ~ 6.5cm，近全缘或上部有浅钝疏齿，下面苍绿色……………………………………………… 白鹃梅 *Exochorda racemosa*

3. 叶缘有锯齿

8. 无托叶

9. 叶柄短，长 2 ~ 4mm，稀达 10mm

10. 叶片宽（0.7）1cm 以上，或狭窄而叶缘有粗锯齿

11. 小枝、叶柄及叶两面有短柔毛

12. 叶片较小，卵形至椭圆状披针形，长 1.5 ~ 3cm，宽 0.8 ~ 1.5cm，下面沿密生短柔……………………………………………………………………………笑靥花 *Spiraea prunifolia*

12. 叶卵状长椭圆形，长 2 ~ 8cm，宽 1 ~ 3cm，下面有白霜，沿脉有短柔毛…………………………………………………………………………………………粉花绣线菊 *Spiraea japonica*

11. 小枝、叶柄及叶两面无毛

13. 叶菱状披针形至菱状椭圆形、近圆形，长 1.7 ~ 3.5cm

14. 叶近圆形，先端圆钝，长 1.7 ~ 3cm，中部以上具少数圆钝锯齿，先端常 3 裂，下面苍绿色，具 3 ~ 5 脉……………………………………三桠绣线菊 *Spiraea trilobata*

14. 叶菱状披针形至菱状椭圆形，先端急尖，中部以上有缺刻状锯齿…………………………………………………………………………………………麻叶绣线菊 *Spiraea cantoniensis*

13. 叶片长椭圆形至披针形，长 4 ~ 8cm，有细锐锯齿；长圆锥花序………… 柳叶绣线菊 *Spiraea salicifolia*

10. 叶片极狭窄，条状披针形，宽 0.3 ~ 0.7cm，长 2.5 ~ 4cm，有尖锐锯齿，两面无毛…………………………………………………………………………………………珍珠绣线菊 *Spiraea thunbergii*

9. 叶柄较长，长 10 ~ 20mm，叶片长 5 ~ 9 cm，宽 3 ~ 5 cm，叶缘中上部有锐锯齿…………………………………………………………………………………………齿叶白鹃梅 *Exochorda serratifolia*

8. 有托叶

15. 常绿乔木或灌木

16. 有枝刺

17. 叶较小而狭，叶倒卵形至倒卵状长椭圆形，长 2 ~ 7cm，宽不及 2cm，先端钝圆或微凹………………………………………………………………………… 火棘 *Pyracantha fortuneana*

17. 叶较大，长椭圆形至倒披针形，长 5 ~ 15cm，宽 2 ~ 4cm，先端渐尖，叶缘有腺齿………………………………………………………………………椤木石楠 *Photinia davidsoniae*

16. 无枝刺

18. 小枝、叶下面、叶柄均密被锈色绒毛；叶倒卵状披针形至矩圆状椭圆形，叶面皱…………………………………………………………………………………………枇杷 *Eriobotrya japonica*

18. 小枝及叶无毛，叶长椭圆形至倒卵状长椭圆形，叶面平整……石楠 *Photinia serrulata*

15. 落叶乔木或灌木

19. 托叶常为圆领状或镰刀状半抱茎，大而显著，稀卵状披针形，绿色、有锯齿，在萌生枝上尤为明显；常有枝刺

20. 叶片缺刻状分裂

21. 叶 3 ~ 5 羽状浅裂或深裂；托叶半圆形或镰刀形；果径 1 ~ 1.5cm，小核 5 个…… 山楂

Crataegus pinnatifida

21. 叶 5 ～ 7 羽状浅裂片；托叶膜质，卵状披针形；果径 8 ～ 10mm，小核 2 ～ 3 个……………………………………………………………………甘肃山楂 *Crataegus kansuensis*

20. 叶片不分裂，叶缘锯齿较整齐

22. 灌木，偶小乔木，树皮不为薄片状剥落，有枝刺

23. 大灌木或小乔木；2 年生枝无疣状突起

24. 叶片卵形至椭圆形，下面无毛，或脉上稍有毛，锯齿尖锐……………………………………………………………………贴梗海棠 *Chaenomeles speciosa*

24. 叶片长椭圆形至披针形，下面幼时密被褐色绒毛，锯齿刺芒状…………… 木瓜海棠 *Chaenomeles cathayensis*

23. 矮小灌木，高不及 1m；2 年生枝有疣状突起 ………日本木瓜 *Chaenomeles japonica*

22. 小乔木，树皮呈薄片状剥落，短枝呈棘状；叶卵状椭圆形，长 5 ～ 10cm，有芒状锯齿，齿尖有腺；托叶卵状披针形，长约 7mm，膜质 ….. 木瓜 *Chaenomeles sinensis*

19. 托叶不为圆领状或镰刀状

25. 叶片分裂，至少部分叶分裂，或深或浅；灌木

26. 小枝不为绿色

27. 叶脉三出，叶广卵形，3 ～ 5 浅裂

28. 叶基部心形或近心形，锯齿较尖；花梗、花萼被星状绒毛，蓇葖果微被星状柔毛……………………………………………………………风箱果 *Physocarpus amurensis*

28. 叶基部楔形至宽楔形，锯齿较钝，花梗和花萼无毛或有稀疏柔毛，果实无毛……………………………………………………………………无毛风箱果 *hysocarpus opulifolium*

27. 叶脉羽状，叶宽椭圆形、椭圆形至倒卵形，上部 3 裂；托叶撕裂状……………………………………………………………………榆叶梅 *Prunus triloba*

26. 小枝绿色，叶片卵形或卵状披针形，长 4 ～ 10cm，叶缘缺刻状浅裂，有尖锐重锯齿……………………………………………………………………棣棠 *Kerria japonica*

25. 叶片不分裂

29. 叶柄顶端或叶片基部无腺点

30. 乔木或小乔木，叶柄长多在 1cm 以上

31. 侧脉上弯，不直伸入锯齿先端；有时有刺或棘状短枝

32. 叶片上面中脉隆起；伞房状花序；花药紫红色

33. 叶缘锯齿圆钝

34. 叶片宽卵形或卵圆形，长 4 ～ 8cm，宽 3.5 ～ 5.5cm，叶柄长 2 ～ 4cm……………………………………………………………………豆梨 *Pyrus calleryana*

34. 叶片卵形或椭圆形，长 2.5 ～ 8cm，宽 1.5 ～ 4cm……西洋梨 *Pyrus communis*

33. 叶缘锯齿尖锐

35. 叶缘锯齿先端呈刺芒状

36. 幼枝、幼叶及叶柄均被柔毛或绒毛，叶卵状椭圆形或卵形

37. 叶基部宽楔形或近圆形，果黄色或黄白色…………… 白梨 *Pyrus bretschneideri*

37. 叶基部圆形或近心形，果浅褐色……………………………沙梨 *Pyrus pyrifolia*

36. 幼枝、幼叶及叶柄无毛或被微毛，叶宽卵形或椭圆状卵形，小枝黄褐色至紫褐色……………………………………………………………………秋子梨 *Pyrus ussuriensis*

35. 叶缘锯齿尖锐但不呈刺芒状；幼枝、幼叶两面、叶柄密生灰白色绒毛；叶菱状卵形至椭圆状卵形，长 4 ~ 8cm.………………………………杜梨 *Pyrus betulaefolia*

32. 叶片上面中脉凹下或平；伞形状花序；花药黄色

38. 幼枝、幼叶、叶柄、花梗及花萼密被灰白色绒毛；老叶下面有宿存柔毛或绒毛

39. 叶缘锯齿粗钝；萼片倒三角形……………………………………………苹果 *Malus pumila*

39. 叶缘锯齿细尖；萼片宽披针形…………………………………………花红 *Malus asiatica*

38. 老叶下面无毛或仅脉上有毛

40. 小枝多少有毛，至少幼时有毛

41. 叶缘锯齿尖锐

42. 小枝紫红色或紫褐色，叶长椭圆形至椭圆形，叶柄长（1）1.5 ~ 3.5cm

43. 树形峭立，分枝角度小

44. 叶基部宽楔形或近圆形；叶柄长 1.5 ~ 2cm；萼片较萼筒稍短；果径约 2cm，黄色，基部无凹陷，萼片宿存…………………海棠花 *Malus spectabilis*

44. 叶基部楔形；叶柄长 2 ~ 3.5 cm；萼片与萼筒等长或稍长；果径 1 ~ 1.5cm，红色，基部及先端均凹陷，萼片宿存或脱落……西府海棠 *Malus micromalus*

43. 树形较开阔；叶上面幼时紫红色，下面毛较少，叶长 5 ~ 10cm…………………………………………………………………………湖北海棠 *Malus hupehensis*

42. 小枝灰黄褐色，叶圆卵形或椭圆形，幼时两面中脉及叶脉有毛，后变无毛，叶柄长 1 ~ 1.5cm，较粗……………………………………海棠果 *Malus prunifolia*

41. 叶缘锯齿细钝或近于全缘；小枝及叶明显带紫色；花梗细长下垂…………………………………………………………………………垂丝海棠 *Malus halliana*

40. 小枝红褐色，光滑无毛；叶片椭圆形或卵形，侧脉 3 ~ 4 对……………………………………………………………………………………山荆子 *Malus baccata*

31. 侧脉直伸入锯齿先端，6 ~ 12 对，叶片卵形至椭圆形，具不整齐锐尖重锯齿‥水榆花楸 *Sorbus alnifolia*

30. 灌木或小乔木，叶卵形至卵状披针形，叶柄长不及 0.6cm

45. 叶先端长尾尖，最宽处在中部以下上……………………………………郁李 *Prunus japonica*

45. 叶先端急尖或圆钝，最宽处在中部或中部以上…………………麦李 *Prunus glandulosa*

29. 叶柄顶端或叶片基部有腺点

45. 无顶芽；叶在芽中席卷

46. 叶卵形至宽卵形

47. 叶绿色，花梗极短……………………………………………………………杏 *Prunus armeniaca*

47. 叶紫红色，花梗较长……美人梅 *Prunus cerasifera* 'Pissardii' × *Prunus mume* 'Alphandi'

46. 叶椭圆形、倒卵状椭圆形至倒卵状披针形

48. 叶椭圆形至椭圆状卵形，紫红色，基部圆形… 紫叶李 *Prunus cerasifera* 'Pissardii'

48. 叶倒卵状椭圆形或倒卵状披针形，绿色，基部楔形，叶缘锯齿较钝…………………………………………………………………………………………李 *Prunus salicina*

45. 有顶芽；幼叶在芽中对折状
49. 叶片狭窄，披针形、卵状披针形或矩圆状披针形；侧芽常 3 个并生
50. 乔木
51. 叶卵状披针形或矩圆状披针形，锯齿粗钝；冬芽密生毛……桃 *Prunus persica*
51. 卵状披针形，锯齿尖锐，冬芽无毛；树皮暗紫红色，平滑，具横向环纹，老时纸质剥落……山桃 *Prunus davidiana*
50. 灌木
52. 叶先端长尾尖，最宽处在中部以下上……郁李 *Prunus japonica*
52. 叶先端急尖或圆钝，最宽处在中部或中部以上……麦李 *Prunus glandulosa*
49. 叶片较宽，不为披针形
53. 灌木，叶下面密生绒毛或柔毛；幼枝密被绒毛；叶椭圆形至倒卵形，长 4 ~ 7cm，表面皱，有柔毛，背面密生绒毛……毛樱桃 *Prunus tomentosa*
53. 乔木或小乔木，叶缘锯齿尖锐，有或无刺芒
54. 叶缘锯齿尖锐，无刺芒
55. 叶宽卵形至椭圆状卵形，下面疏生柔毛……樱桃 *Prunus pseudocerasus*
55. 叶卵状长椭圆形至长圆状倒卵形，下面无毛或仅脉腋有毛……稠李 *Prunus padus*
54. 叶缘锯齿尖锐，有刺芒
56. 枝条较粗壮，无毛
57. 叶下面和叶柄无毛，锯齿刺芒长；花叶同放
58. 乔木，叶柄和叶绿色……樱花 *Prunus serrulata*
58. 小乔木，枝条粗壮；新叶和叶柄红褐色……日本晚樱 *Prunus serrulata* var. *lannesiana*
57. 叶下面和叶柄有柔毛，锯齿刺芒较短；花先叶开放……日本樱花 *Prunus yedoensis*
56. 枝条较细，幼枝密生白色平伏毛，一年生小枝有毛；萼筒膨大如壶状……日本早樱 *Prunus subhirtella*
2. 叶对生；小枝紫褐色；卵形至椭圆状卵形，具尖锐重锯齿，上面皱……鸡麻 *Rhodotypos scandens*
1. 复叶
59. 茎无皮刺
60. 灌木
61. 小叶 13 ~ 21 枚
62. 小叶两面有微毛，侧脉 12 ~ 16 对；雄蕊 40 ~ 50，长于花瓣；花柱顶生；萼片三角形……东北珍珠梅 Sorbaria sorbifolia
62. 小叶两面无毛，侧脉 15 ~ 23 对；雄蕊 20，与花瓣近等长；花柱稍侧生；萼片长圆形……华北珍珠梅 Sorbaria kirilowii
61. 小叶 3 ~ 7 枚，或少至 1 枚
63. 小叶 3 ~ 7 枚，矩圆形，长 1cm，花鲜黄色……金露梅 Potentilla fruticosa
63. 小叶（1）3 ~ 5 枚，椭圆形或椭圆状倒卵形，长 2 ~ 7mm，先端急尖；花白色……银露梅 Potentilla glabra
60. 乔木，小枝有或无皮孔，小叶 15 枚以下

64. 托叶革质或草质，宿存

65. 芽无毛或先端微被毛，小枝无毛……………………………北京花楸 *Sorbus discolor*

65. 冬芽密被白色绒毛，小枝幼时有绒毛…………………………花楸树 *Sorbus pohuashanensis*

64. 托叶膜质，早落…………………………………………………………湖北花楸 *Sorbus hupehensis*

59. 茎有皮刺

66. 托叶与叶柄合生，宿存

67. 小枝和叶片多少有柔毛或刺毛，至少幼时如此

68. 植株有刺毛

69. 小叶椭圆形，长 1 ~ 2cm，两面无毛或初展时脉上有细毛；花鲜黄色……………………………………………………………………………………………黄蔷薇 *Rosa hugonis*

69. 小叶长 2 ~ 5cm，表面多皱，无毛，背面有柔毛和刺毛，花红紫色、白色……………………………………………………………………………………………玫瑰 *Rosa rugosa*

68. 植株无刺毛

70. 茎枝偃伏或攀援；小叶 5 ~ 9（11），倒卵形至椭圆形，长 1.5 ~ 5cm，两面或下面有柔毛，叶柄及叶轴有腺毛；托叶有腺毛；花白色或红色………多花蔷薇 *Rosa multiflora*

70. 直立灌木，小叶 7 ~ 13，近圆形或宽椭圆形，长 0.8 ~ 1.5（2）cm，无腺毛；托叶小。花黄色…………………………………………………………………黄刺玫 *Rosa xanthina*

67. 小枝和叶均无毛；小叶 3 ~ 5（7），托叶全缘……………………………月季 *Rosa chinensis*

66. 托叶与叶柄分离，早落；枝细长绿色；小叶 3 ~ 5，长椭圆形至椭圆状披针形，长 2 ~ 6cm，宽 8 ~ 18mm ………………………………………………………………木香 *Rosa banksiae*

笑靥花（李叶绣线菊）

Spiraea prunifolia Sieb. et Zucc.

绣线菊属

【识别要点】落叶灌木，高达 3m。小枝细长，微具棱，幼枝密被柔毛，后渐无毛。单叶互生，无托叶。叶片卵形至椭圆状披针形，长 2.5 ~ 5cm，叶缘中部以上有细锯齿，叶片下面沿中脉常被柔毛。伞形花序，具 3 ~ 6 花，无总梗，基部具少量叶状苞片；花白色，重瓣，径约 1cm，花梗细长。花期 3 ~ 4 月。

【变　　种】单瓣笑靥花 var. *simpliciflora* Nakai，花单瓣，花萼、花瓣各 5。

【地理分布】主产长江流域及陕西、山东等地。

【繁殖方法】播种、扦插或分株繁殖。

【园林应用】花洁白似雪，花姿圆润，花序密集，如笑颜初靥。可丛植于池畔、山坡、路旁、崖边，片植于草坪、建筑物角隅。

珍珠绣线菊（喷雪花）

Spiraea thunbergii Sieb.　　绣线菊属

【识别要点】落叶灌木，高达 1.5m；枝细长开展，常呈弧形弯曲。叶条状披针形，长 2 ~ 4cm，宽 5 ~ 7mm，先端长渐尖，基部狭楔形，有尖锐锯齿，两面无毛。伞形花序，无总梗，有花 3 ~ 6 朵，基部丛生数枚叶状苞片；花白色，单瓣，径 6 ~ 8mm；花萼、花瓣各 5，雄蕊多数，着生花盘外缘；心皮 5，离生。蓇葖果 5，开张，无毛。花期 3 ~ 4 月；果期 7 ~ 8 月。

【地理分布】产华东，东北、华北，各地常见栽培。

【繁殖方法】播种、扦插或分株繁殖。

【园林应用】叶形似柳，花白如雪，秋叶橘红色，甚美观，可丛植于草坪角隅或路边。

麻叶绣线菊

Spiraea cantoniensis Lour.　　绣线菊属

【识别要点】落叶灌木，高可达 1.5m。小枝纤细拱曲，无毛。叶菱状披针形至菱状椭圆形，长 2 ~ 3.5cm，宽 1 ~ 1.5cm，先端急尖，基部楔形，叶缘自中部以上有缺刻状锯齿，两面光滑，叶下面青蓝色。伞形总状花序，有总梗，生侧枝顶端，下部有叶，有花 15 ~ 25 朵，花白色。蓇葖果直立、开张。花期 4 ~ 6 月，果 7 ~ 9 月成熟。

【地理分布】原产我国东部和南部，各地广泛栽培。

【繁殖方法】播种、扦插或分株繁殖。

【园林应用】着花繁密，盛开时节枝条全为细巧的白花所覆盖，形成一条条拱形的花带，洁白可爱。可成片、成丛配植于草坪、路边、花坛、花径或庭园一隅，亦可点缀于池畔、山石之边。

三桠绣线菊

Spiraea trilobata L.

绣线菊属

【识别要点】落叶灌木，高可达 2m。小枝细瘦，开展，稍呈之字形弯曲，褐色，无毛。叶近圆形，长 1.7 ~ 3cm，中部以上具少数圆钝锯齿，先端常 3 裂，下面苍绿色，具 3 ~ 5 脉。花白色，15 ~ 30 朵组成伞形总状花序，有总梗。花期 5 ~ 6 月。

【地理分布】分布于东北、西北、华北和华东等地，各地常见栽培。

【繁殖方法】播种、扦插或分株繁殖。

【园林应用】同麻叶绣线菊。

粉花绣线菊

Spiraea japonica L. f

绣线菊属

【识别要点】落叶灌木，高可达 1.5m；枝开展，直立。叶卵形至卵状长椭圆形，长 2 ~ 8cm，宽 1 ~ 3cm，有缺刻状重锯齿或单锯齿；叶片下面灰绿色，脉上常有柔毛。复伞房花序着生当年生长枝顶端，密被柔毛；花密集，淡粉红至深粉红色。花期 6 ~ 7 月，果期 8 ~ 10 月。

【地理分布】原产日本、朝鲜，我国各地有栽培供观赏。

【繁殖方法】播种、扦插或分株繁殖。

【园林应用】夏季开花，花朵粉红而繁密，是优良的花灌木，适于草地、路旁、林缘等各处，也可做基础种植材料。

柳叶绣线菊

Spiraea salicifolia L. 绣线菊属

【识别要点】落叶灌木，高可达2m，小枝黄褐色，略具棱。叶长椭圆形至披针形，长4 ~ 8cm，宽1 ~ 2.5cm，有细锐锯齿或重锯齿，两面无毛。圆锥花序生于当年生长枝顶端，长圆形或金字塔形，长6 ~ 13cm；花密生，粉红色。花期6 ~ 8月；果期8 ~ 9月。

【地理分布】分布于东北、内蒙古、河北等地；生于海拔200 ~ 900m河流两岸、湿草地和林缘，常形成密集灌丛。日本、朝鲜、蒙古、西伯利亚以及东南欧也有分布。

【繁殖方法】播种或分蘖繁殖。

【园林应用】夏季开花，粉红色，是优良的花灌木，又为蜜源植物。

珍珠梅（华北珍珠梅）

Sorbaria kirilowii (Regel)Maxim 珍珠梅属

【识别要点】落叶灌木，高可达3m。奇数羽状复叶互生，小叶13 ~ 21枚，卵状披针形，长4 ~ 7cm，具尖锐重锯齿，侧脉15 ~ 23对。大型圆锥花序顶生，长15 ~ 20cm，径7 ~ 11cm；花白色，萼片长圆形，反折；雄蕊约20，与花瓣近等长；花柱稍侧生。蓇葖果长圆形，5枚。花期6 ~ 7月，果期9 ~ 10月。

【地理分布】分布于华北和西北，常生于海拔200 ~ 1500m的山坡、河谷或杂木林中。习见栽培。

【繁殖方法】播种、扦插及分株繁殖。

【园林应用】花叶清秀,花期极长而且正值盛夏，适植于草坪边缘、水边、房前、路旁，孤植或丛植，也可植为自然式绿篱。

【相近种类】东北珍珠梅 *Sorbaria sorbifolia*（L.）A. Br.

白鹃梅（金瓜果）

Exochorda racemosa(Lindl.)Rehd. 白鹃梅属

【识别要点】落叶灌木，高可达 5m，全株无毛。小枝微具棱。单叶互生，椭圆形至倒卵状椭圆形，长 3.5 ~ 6.5cm，全缘或上部有浅钝疏齿，下面苍绿色；叶柄长 5 ~ 10mm。总状花序顶生，花 6 ~ 10 朵，径 4cm，花瓣基部具短爪；萼筒钟状；雄蕊 15 ~ 20，3 ~ 4 枚一束着生花盘边缘，并与花瓣对生。蒴果倒卵形。花期 4 ~ 5 月，果期 9 月。

【地理分布】分布于长江流域，多生于海拔 500m 以下的低山灌丛中；各地常见栽培，在黄河流域可露地生长。

【繁殖方法】分株、扦插或播种繁殖。

【园林应用】树形自然，花期值谷雨前后，花大而繁密，满树洁白，是一美丽的观赏花木，宜于草地、林缘、窗前、亭台附近孤植或丛植，或于山坡大面积群植，也可做基础种植材料。

【相近种类】齿叶白鹃梅 *Exochorda serratifolia* S. Moore.

风箱果

Physocarpus amurensis Maxim. 风箱果属

【识别要点】落叶灌木，高可达 3m；树皮条状纵裂。小枝幼时紫红色，稍弯曲。单叶互生，三角状卵形至广卵形，长 3.5 ~ 5.5cm，宽约 3 ~ 5cm，基部心形或近心形，3 ~ 5 浅裂，有重锯齿，下面叶脉被星状毛和柔毛。伞形总状花序顶生，径约 3 ~ 4cm；花梗、花萼筒、萼片两面均被星状绒毛；花白色，径 0.8 ~ 1.3cm。蓇葖果膨大，外面微被星状柔毛；种子黄色，有光泽。花期 5 ~ 6 月；果期 7 ~ 8 月。

【地理分布】分布于我国东北和朝鲜、俄罗斯等地，生于山坡、山沟林缘和灌丛中。

【繁殖方法】分株、扦插或播种繁殖。

【园林应用】丛生灌木，株形开展，叶色鲜绿，花朵洁白，夏季果实呈现红色，也十分优美。可丛植于草地、林缘、山坡观赏或植为花篱，也用于风景区大片种植。

【相近种类】无毛风箱果 *Physocarpus opulifolium*（L.）Maxim.

多花蔷薇（野蔷薇）

Rosa multiflora Thunb.　　蔷薇属

【识别要点】落叶灌木，枝偃伏，长可达6m，有短粗皮刺。奇数羽状复叶互生，托叶与叶柄连合。小叶5 ~ 9，倒卵形至椭圆形，长1.5 ~ 5cm，宽0.8 ~ 2.8cm，叶缘具尖锐单锯齿，两面或下面有柔毛；托叶边缘篦齿状分裂，叶柄及叶轴有腺毛。圆锥状伞房花序；花白色或略带粉晕，芳香，径2 ~ 3cm。萼片及花瓣5；雄蕊多数，生于萼筒上部；心皮多数，离生。花托壶形，花柱连合，伸出花托外。瘦果，着生于花托形成的果托内，特称蔷薇果，近球形，径约6 ~ 8mm，红褐或紫褐色，有光泽。花期5 ~ 6月；果期8 ~ 10月。

【变　　种】粉团蔷薇 var. *cathayensis* Rehd. et Wils.，花、叶较大，花径3 ~ 4cm，粉红或玫瑰红色，单瓣，数朵或多朵成平顶伞房花序。七姊妹 var. *platyphylla* Thory，花重瓣，径约3cm，深红色，常6 ~ 10朵组成扁平的伞房花序。荷花蔷薇 var. *carnea* Thory，与七姊妹相近，但花淡粉红色，花瓣大而开张。白玉堂 var. *albo-plena* Yü et Ku，花白色，重瓣，直径2 ~ 3cm。

【地理分布】黄河流域及其以南习见，日本、朝鲜也有分布。

【繁殖方法】多用扦插繁殖，也可播种、嫁接、压条、分株。

【园林应用】花色丰富，有白、粉红、玫瑰红和深红等色，是优良的垂直绿化材料。最适于篱垣式和棚架式造景，也可用于假山、坡地，或沿台坡边缘列植。

月季花

Rosa chinensis Jacq.

蔷薇属

【识别要点】半常绿或落叶灌木，高度因品种而异，通常高 1 ~ 1.5m，也有枝条平卧和攀援的品种。小枝散生粗壮而略带钩状的皮刺。小叶 3 ~ 5（7），广卵形至卵状矩圆形，长 2 ~ 6cm，宽 1 ~ 3cm，有锐锯齿，两面无毛，上面暗绿色，有光泽；叶柄和叶轴散生皮刺或短腺毛；托叶有腺毛。花单生或数朵排成伞房状；花柱分离；萼片常羽裂。蔷薇果球形，径约 1 ~ 1.5cm，红色。花期 4 ~ 10 月；果期 9 ~ 11 月。

【品　　种】目前常见栽培的现代月季是原产中国的月季花和其它很多蔷薇属种类的杂交种，品种繁多，常分为以下几类。①杂种茶香月季 Hybrid Tea Rose（HT）：花多单生，大而重瓣，花蕾秀美、花色丰富，有香味，花期长。②多花姊妹月季 Floribunda Rose（Fl.）：植株较矮小，分枝细密；花朵较小，但多花成簇、成团，单瓣或重瓣；四季开花，耐寒性与抗热性均较强。③大花姊妹月季 Grandiflora Rose（Gr.）：花朵大而一茎多花，四季开放，生长势旺盛，植株高度多在 1 m 以上。④微型月季 Miniature Rose（Min.）：植株矮小，一般高仅 10 ~ 45cm，花朵小，径约 1 ~ 3cm，常为重瓣，枝繁花密。⑤藤本月季 Climber & Rambler（Cl.）：多为杂种茶香月季和丰花月季的突变体（具有连续开花的特性），茎蔓细长、攀援。

【地理分布】原产我国中部，南至广东，西南至云南、贵州、四川。现国内外普遍栽培。

【繁殖方法】扦插或嫁接繁殖。

【园林应用】月季是我国十大传统名花之一，品种繁多，花色丰富，开花期长，是园林中应用最广泛的花灌木，适于各种应用方式，在花坛、花境、草地、园路、庭院各处应用均可。

三十六、蔷薇科

玫瑰

Rosa rugosa Thunb. 蔷薇属

【识别要点】落叶丛生灌木，高可达 2m。枝条较粗，灰褐色，密生皮刺和刺毛。小叶 5 ~ 9，卵圆形至椭圆形，长 2 ~ 5cm，宽 1 ~ 2.5cm，表面亮绿色，多皱，无毛，背面有柔毛和刺毛；叶柄及叶轴被绒毛，疏生小皮刺及腺毛；托叶大部与叶柄连合。花单生或 3 ~ 6 朵聚生，紫红至白色，径 4 ~ 6cm；花柱离生，被柔毛，柱头稍突出。蔷薇果扁球形，径约 2 ~ 3cm，红色。花期 5 ~ 6 月，果期 9 ~ 10 月。

【地理分布】分布于我国北部，各地常见栽培，其中以山东平阴的最为著名。

【繁殖方法】分株或扦插繁殖，也可嫁接和埋条繁殖。

【园林应用】色艳花香，适于路边、房前等处丛植赏花，也可做花篱或结合生产于山坡成片种植。

木香花（木香）

Rosa banksiae Ait. 蔷薇属

【识别要点】落叶或半常绿攀援灌木，枝细长绿色，无刺或疏生皮刺。小叶 3 ~ 5，长椭圆形至椭圆状披针形，长 2 ~ 6cm，宽 8 ~ 18mm，有细锯齿，下面中脉常有微柔毛；托叶线形，与叶柄分离，早落。花 3 ~ 15 朵，白色，径约 2.5cm，浓香；萼片长卵形，全缘；花柱玫瑰紫色。蔷薇果近球形，径 3 ~ 5mm。花期 4 ~ 5 月，果期 9 ~ 10 月。

【变　　种】黄木香 var. lutescens Voss.，花单瓣，黄色。重瓣黄木香 var. lutea Lindl.，花重瓣，黄色，香气淡。重瓣白木香 var. albo-plena Rehd.，花重瓣，白色，芳香。

【地理分布】原产我国，分布于长江流域以南，现华北南部至华南、西南均有栽培。

【繁殖方法】压条和扦插或嫁接繁殖，也可播种。

【园林应用】藤蔓细长，或白花如雪，或灿若金星，香气扑鼻，自古在庭院中广为应用。适于花架、花格、绿门、花亭、拱门、墙垣的垂直绿化，也可植丛于池畔、假山石旁。

黄刺玫

Rosa xanthina Lindl.

蔷薇属

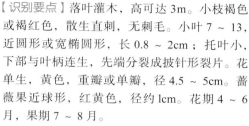

【识别要点】落叶灌木，高可达 3m。小枝褐色或褐红色，散生直刺，无刺毛。小叶 7 ~ 13，近圆形或宽椭圆形，长 0.8 ~ 2cm；托叶小，下部与叶柄连生，先端分裂成披针形裂片。花单生，黄色，重瓣或单瓣，径 4.5 ~ 5cm。蔷薇果近球形，红黄色，径约 1cm。花期 4 ~ 6 月，果期 7 ~ 8 月。

【变　　型】单瓣黄刺玫 *f.spontanea* Rehd.，花单瓣，花萼、花瓣均为 5 枚。

【地理分布】分布于吉林、辽宁、河北、山东、山西、内蒙古、陕西、甘肃、青海，东北、华北各地庭园栽培。

【繁殖方法】分株、压条及扦插繁殖。

【园林应用】春天开黄色花朵，且花期较长，为北方春天重要观花灌木。花可提取芳香油。

【相近种类】黄蔷薇 *Rosa hugonis* Hemsl.

棣棠

Kerria japonica (L.)DC.

棣棠属

【识别要点】落叶小灌木，高可达 2m。小枝绿色，光滑。单叶互生，卵形至卵状披针形，长 4 ~ 10cm，有尖锐重锯齿，先端长渐尖；托叶钻形。花两性，金黄色，单生枝顶，直径 3 ~ 4.5cm；萼片 5，全缘；花瓣 5；雄蕊多数；心皮 5 ~ 8，离生。瘦果黑褐色，生于盘状果托上，萼片宿存。花期 4 ~ 5 月，果期 7 ~ 8 月。

【品　　种】重瓣棣棠 'Pleniflora'，花重瓣。

【地理分布】分布于陕西、甘肃和长江流域至华南、西南，多生于山涧、溪边灌丛中。日本也有分布。

【繁殖方法】分株、扦插，也可播种。

【园林应用】枝、叶、花俱美，枝条嫩绿，叶形秀丽，花朵金黄。适于丛植，配植于墙隅、草坪、水畔、坡地、桥头、林缘、假山石隙，尤其是植于水滨，花影照水，满池金辉。

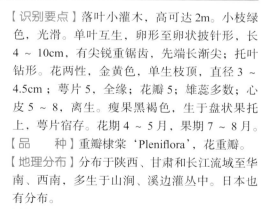

鸡麻

Rhodotypos scandens (Thunb.)Makino. 鸡麻属

【识别要点】落叶灌木，高可达 3m。枝条开展，小枝紫褐色，无毛。单叶对生，卵形至椭圆状卵形，长 4 ~ 10cm，具尖锐重锯齿，先端锐尖，上面皱，背面幼时有柔毛；托叶条形。花单生枝顶，白色，直径 3 ~ 5cm；萼片 4，大而有齿；花瓣 4；雄蕊多数；心皮 4。核果 4，熟时干燥，亮黑色，外包宿萼。花期 4 ~ 5 月，果期 9 ~ 10 月。

【地理分布】分布于东北南部、华北至长江中下游地区，多生于海拔 800m 以上的山坡疏林下。日本也有分布。

【繁殖方法】播种或分株、扦插繁殖，以播种应用较多。

【园林应用】株形婆娑，叶片清秀美丽，花朵洁白，适宜丛植，可用于草地、路边、角隅、池边等处造景，也可与山石搭配。

金露梅

Potentilla fruticosa L. 委陵菜属

【识别要点】小灌木，高达 1.5m；树皮灰褐色，纵裂，条状剥落。小枝幼时有伏生丝状柔毛。奇数羽状复叶，小叶 3 ~ 7 枚，矩圆形，长 1cm，两面有柔毛。花单生或 3 ~ 5 朵组成伞房花序，花径 2 ~ 3cm，鲜黄色，排列如梅。小瘦果细小、有毛。花期 6 ~ 8 月；果期 9 ~ 10 月。

【地理分布】分布于北半球高山和寒冷地带，我国东北、华北、西北和西南地区高山均有分布，生于海拔 2000 ~ 4000m 的山顶石缝、林缘及高山灌丛中。

【繁殖方法】播种和分株、扦插繁殖。

【园林应用】枝叶繁茂，花朵鲜黄而且花期长，是美丽的花灌木，可植为花篱，也可在园路两侧、廊、亭一隅、草地成片栽植；还是重要的岩石园材料。

【相近种类】银露梅 *Potentilla glabra* Lodd.

平枝栒子（铺地蜈蚣）

Cotoneaster horizontalis Decne.

栒子属

【识别要点】落叶或半常绿匍匐灌木，高 80cm。幼枝被粗毛；枝水平开张成整齐二列。单叶互生，全缘，近圆形至宽椭圆形，先端急尖，长 0.5 ～ 1.5cm，宽 0.4 ～ 0.9cm，表面无毛，下面及叶柄有柔毛。花径 5 ～ 7mm，无梗，单生或 2 朵并生，粉红色；萼片、花瓣各 5；雄蕊多数，花柱离生。梨果近球形，鲜红色，径 4 ～ 7mm，内含 3 个骨质小核。花期 5 ～ 6 月，果期 9 ～ 10 月。

【地理分布】分布于西南及青海、甘肃、陕西等地，常生于海拔 1000 ～ 3000m 山地灌丛和岩石缝中。在北京以南各地生长良好。

【繁殖方法】扦插、播种繁殖。

【园林应用】植株低矮，常平铺地面，秋季红果缀满枝头，宜丛植或成片植为地被，或做基础种植材料，尤其适于坡地、路边、岩石园等地形起伏较大的区域。

水栒子（多花栒子）

Cotoneaster multiflorus Bunge

栒子属

【识别要点】落叶灌木，高可达 4m。枝纤细，常拱形下垂。叶卵形或宽卵形，长 2 ～ 4cm，宽 1.5 ～ 3cm，先端急尖或圆钝，基部楔形或圆形，上面无毛，下面幼时有绒毛。聚伞花序松散并疏生柔毛，有花 5 ～ 21 朵；花白色，径 1 ～ 1.2cm。萼筒钟状，无毛；萼片三角形，通常两面无毛。梨果球形或倒卵形，红色，径约 8mm，1 ～ 2 核。花期 5 ～ 6 月，果期 8 ～ 9 月。

【地理分布】广布于西南、西北、华北和东北，生于海拔 1200 ～ 3500m 的沟谷、山坡林内或林缘。亚洲中部及西部、俄罗斯也有分布。

【繁殖方法】播种繁殖。

【园林应用】夏季盛开白花，入秋红果累累，经冬不凋，为优美的观花观果树种、良好的岩石园材料，也可做水土保持灌木。

【相近种类】西北栒子 *Cotoneaster zabelii* Schneid.

火棘（火把果）

Pyracantha fortuneana (Maxim.)Li　　火棘属

【识别要点】常绿灌木，高可达 3m。短侧枝常呈棘刺状，幼枝被锈色柔毛，后脱落。单叶互生，叶倒卵形至倒卵状长椭圆形，长 2 ~ 6cm，先端钝圆或微凹，有时有短尖头，基部楔形，叶缘有圆钝锯齿，近基部全缘。复伞房花序；花白色，径 1cm。梨果球形，果实红色，径约 5mm，内含 5 个骨质小核。花期 4 ~ 5 月，果期 9 ~ 11 月。

【地理分布】分布于秦岭以南，南至南岭，西至四川、云南和西藏，东达沿海地区。生于疏林、灌丛和草地。

【繁殖方法】播种或扦插繁殖。

【园林应用】枝叶繁茂，初夏白花繁密，秋季红果累累如满树珊瑚，是一种美丽的观果灌木。适宜丛植于草地边缘、假山石间、水边桥头，也是优良的绿篱和基础种植材料。果含淀粉和糖，可食用或做饲料。

山楂

Crataegus pinnatifida Bunge　　山楂属

【识别要点】落叶小乔木，树冠圆整，球形或伞形。有短枝刺；小枝紫褐色。单叶互生，宽卵形至三角状卵形，长 5 ~ 10cm，宽 4.5 ~ 7.5cm，两侧各有 3 ~ 5 羽状浅裂或深裂，锯齿不规则；托叶半圆形或镰刀形。伞房花序直径 4 ~ 6cm，花序梗、花梗有长柔毛，花白色，径约 1.8cm。梨果近球形，红色，径 1 ~ 1.5cm，表面有白色或绿褐色皮孔点，内含 5 个骨质小核。花期 4 ~ 6 月，果期 9 ~ 10 月。

【变　种】山里红 var. *major* N. E. Br.，无刺，叶片形大、质厚，分裂较浅，果实大，直径达 2.5cm，亮红色。

【地理分布】原产我国，分布于东北至华中、华东各地。

【繁殖方法】播种、嫁接、分株、压条繁殖。

【园林应用】树冠整齐，花繁叶茂，春季白花满树，秋季果实红艳繁密，叶片亦变红色，是观花、观果兼观叶的优良园林树种。园林中可结合生产成片栽植，并是园路树的优良材料，经修剪整形也可作果篱，并兼有防护之效。

枇杷

Eriobotrya japonica (Thunb.)Lindl.　　枇杷属

【识别要点】常绿小乔木，高可达 12m。小枝、叶下面、叶柄均密被锈色绒毛。叶革质，倒卵状披针形至矩圆状椭圆形，长 12 ~ 30cm，具粗锯齿，上面皱，羽状侧脉直达齿尖。圆锥花序顶生，被绒毛；花白色；花萼 5，花瓣 5，具爪；雄蕊 20 ~ 40；2 ~ 5 室，每室 2 胚珠。梨果，近球形或倒卵形，径 2 ~ 4cm，黄色或橙黄色。花期 10 ~ 12 月，果期次年 5 ~ 6 月。

【地理分布】分布于甘肃南部、秦岭以南，西至川、滇，现鄂西、川东石灰岩山地仍有野生；各地普遍栽培。日本、东南亚地区也多有分布。

【繁殖方法】播种和嫁接繁殖。

【园林应用】树形整齐美观，叶片大而荫浓，冬日白花满树，初夏黄果累累，是绿化结合生产的好树种。在我国古典园林中，常栽培于庭前、亭廊附近等各处。

石楠（千年红）

Photinia serrulata Lindl.　　石楠属

【识别要点】常绿乔木或大灌木，一般高 4 ~ 6m，有时高达 12m；全株近无毛。单叶互生，叶革质，长椭圆形至倒卵状长椭圆形，长 8 ~ 22cm，有细锯齿，侧脉 20 对以上，表面有光泽；叶柄粗壮，长 2 ~ 4cm。复伞房花序顶生，直径 10 ~ 16cm；花白色，径 6 ~ 8mm。果球形，径 5 ~ 6mm，红色。花期 4 ~ 5 月；果期 10 月。

【地理分布】分布于淮河流域至华南，北达秦岭南坡、甘肃南部；日本和热带亚洲也有分布。

【繁殖方法】播种或扦插繁殖。

【园林应用】树冠圆整，枝密叶浓，早春嫩叶鲜红，夏秋叶色浓绿光亮，兼有红果累累，鲜艳夺目，是重要的观叶观果树种。在公园绿地、庭园、路边、花坛中心及建筑物门庭两侧均可孤植、丛植、列植。还是优良的绿篱材料。

【相近种类】椤木石楠 *Photinia bodinieri* Levl.

花楸树（百华花楸）

Sorbus pohuashanensis (Hance)Hedl. 花楸属

【识别要点】落叶小乔木，高可达 8m。小枝粗壮，幼时有绒毛，芽密生白色绒毛。奇数羽状复叶互生，连叶柄长 12 ~ 20cm；小叶 5 ~ 7 对，卵状披针形至椭圆状披针形，长 3 ~ 5cm，宽 1.4 ~ 1.8cm，具细锐锯齿，基部或中部以下全缘；托叶半圆形，有缺齿。复伞房花序顶生，总梗和花梗被白色绒毛，后渐脱落；花白色，5 数，花柱 5。梨果球形，红色或橘红色，径 6 ~ 8mm，萼片宿存。花期 5 ~ 6 月；果期 9 ~ 10 月。

【地理分布】分布于东北、华北及山西、陕西、内蒙古、甘肃、安徽一带，常生于海拔 900 ~ 2500m 坡地或山谷林中。

【繁殖方法】播种繁殖，秋季采种后沙藏，次春播种。

【园林应用】树形较矮而婆娑可爱，夏季繁花满树，花序洁白硕大，秋季红果累累，而且秋叶红艳，是著名的观叶、观花和观果树种。最适于山地风景区中、高海拔地区营造风景林。园林中适于草坪、假山、谷间、水际丛植，以常绿树为背景或杂植于常绿林内效果尤佳。

【相近种类】湖北花楸 *Sorbus hupehensis* Schneid.；北京花楸 *Sorbus discolor*（Maxim.）Maxim.

贴梗海棠（皱皮木瓜）

Chaenomeles speciosa (Sweet)Nakai　木瓜属

【识别要点】落叶灌木，高可达2m。有枝刺。单叶互生；叶片卵状椭圆形，长3 ~ 10cm，具尖锐锯齿。托叶大，肾形或半圆形，长0.5 ~ lcm，有重锯齿。花3 ~ 5朵簇生于2年生枝上，鲜红、粉红或白色；萼片、花瓣各5，萼筒钟状，萼片直立；花柱基部无毛或稍有毛；花梗粗短或近无梗。梨果卵球形，径4 ~ 6cm，黄色，芳香，有稀疏斑点；5室，种子多数。花期3 ~ 5月，果期9 ~ 10月。

【地理分布】分布于我国黄河以南地区，普遍栽培。

【繁殖方法】分株、扦插、压条或嫁接繁殖。

【园林应用】早春先叶开花，鲜艳美丽、锦绣烂漫，秋季硕果芳香金黄，是优良的观花兼观果灌木。适于草坪、庭院、树丛周围、池畔丛植，还是花篱及基础栽植材料，并可盆栽。

【相近种类】木瓜海棠 *Chaenomeles cathayensis* (Hems1.) Schneid.；日本木瓜（倭海棠）*Chaenomeles japonica* Lindl.；

木瓜

Chaenomeles sinensis (Thouin)Koehne.　木瓜属

【识别要点】落叶小乔木，高可达10m；树皮呈薄片状剥落。枝条细柔，短枝呈棘状。单叶互生，卵状椭圆形至椭圆状长圆形，长5 ~ 10cm，有芒状锯齿，齿尖有腺；托叶小，卵状披针形，长约7mm，膜质。花单生，粉红色，径2.5 ~ 3cm；萼筒钟状，萼片反折，边缘有细齿。梨果大型，椭圆形，长10 ~ 18cm，黄绿色，近木质，芳香。花期4 ~ 5月，果期9 ~ 10月。

【地理分布】分布于黄河以南至华南，各地习见栽培。

【繁殖方法】播种或嫁接繁殖。

【园林应用】树皮斑驳可爱，果实大而黄色，秋季金瓜满树，婀娜多姿、芳香袭人，乃色香兼具的果木。尤适于小型庭院造景，常于房前或花台中对植、墙角孤植。果实香味持久，置于书房案头则满室生香。

榅桲

Cydonia oblonga Mill. 榅桲属

【识别要点】落叶灌木或小乔木，高可达 8m，树冠圆形，主干纹理常扭曲。小枝细弱，紫红色。嫩枝、叶下面、叶柄、花梗、花萼、果实均被绒毛。单叶互生，卵形至长圆形，长 5 ~ 10cm，宽 3 ~ 5cm，先端急尖、凸尖或微凹，上面无毛或疏生柔毛。花单生枝顶，直径 4 ~ 5cm，白色或粉红色，萼片、花瓣、花柱 5，雄蕊约 20 枚。果实梨形，直径 3 ~ 5cm，黄色，宿存的萼片反折。花期 4 ~ 5 月，果期 10 月。

【地理分布】原产中亚地区，我国引入甚早，华北、西北、江西、福建等地均有栽培。

【繁殖方法】播种、扦插、嫁接繁殖。

【园林应用】枝叶扶疏，花粉红色，宛如朝霞，果黄色，具芳香，适于庭院、草地孤植、丛植。可作梨、木瓜、苹果的矮化砧木。

白梨

Pyrus bretschneideri Rehd. 梨属

【识别要点】落叶小乔木，高可达 8m，树皮呈小方块状开裂。枝、叶、叶柄、花序梗、花梗幼时有绒毛，后渐脱落。单叶互生，卵形至卵状椭圆形，长 5 ~ 18cm，基部宽楔形或近圆形，具芒状锯齿；叶柄长 2.5 ~ 7cm，幼叶棕红色。伞形总状花序有花 7 ~ 10 朵，花径 2 ~ 3.5cm，花梗长 1.5 ~ 7cm；花药紫红色；花柱 5，离生；子房下位，5 室。梨果倒卵形或近球形，黄绿色或黄白色，径 5 ~ 10cm，多石细胞，萼片脱落。花期 4 月，果期 8 ~ 9 月。

【地理分布】分布于东北南部、华北、西北及黄淮平原，野生原始类型已少见，各地栽培。

【繁殖方法】嫁接繁殖。

【园林应用】花朵繁密美丽，晶白如玉，果实硕大，既是著名的果树，也常用于观赏。适植于庭院房前、池畔孤植或丛植。大型风景区内可结合生产成片栽植。

【相近种类】沙梨 *Pyrus pyrifolia*（Burm. f.）Nakai.；秋子梨 *Pyrus ussuriensis* Maxim.；西洋梨 *Pyrus communis* Linn.

杜梨（棠梨）

Pyrus betulaefolia Bunge

梨属

【识别要点】落叶乔木，高可达10m。常具枝刺。幼枝、幼叶两面、叶柄、花序梗、花梗、萼筒及萼片内外两面都密生灰白色绒毛。叶菱状卵形至椭圆状卵形，长4～8cm，具粗尖锯齿，无刺芒；叶柄长1.5～4cm。花柱2～3；花梗长2～2.5cm。果近球形，径0.5～1cm，萼片脱落。花期4～5月，果期8～9月。

【地理分布】分布于东北南部、内蒙古、黄河及长江流域各地，生于50～1800m平原或山坡。

【繁殖方法】播种繁殖。

【园林应用】既是嫁接白梨的优良砧木，繁花满树，又可栽培观赏，适于庭园孤植、丛植，是华北、西北地区防护林及沙荒造林树种。

豆梨

Pyrus calleryana Decne

梨属

【识别要点】落叶小乔木，高可达8m。小枝幼时有绒毛，后脱落。叶两面、花序梗、花柄、萼筒、萼片外面无毛。叶阔卵形至卵圆形，长4～8cm，缘具圆钝锯齿，叶柄长2～4cm。花瓣卵形；花柱2，罕3；花梗长1.5～3cm。果近球形，径1～2cm，褐色，萼片脱落。花期4月，果期8～9月。

【地理分布】分布于华南至华北，主产长江流域各地。

【繁殖方法】播种繁殖。

【园林应用】同杜梨。

三十六、蔷薇科

海棠花（海棠）

Malus spectabilis Borkh.　　　　苹果属

【识别要点】落叶小乔木或大灌木，高 4 ～ 8m；树形峭立，枝条耸立向上，树冠倒卵形。单叶互生，椭圆形至长椭圆形，长 5 ～ 8cm，有密细锯齿，基部宽楔形或近圆形；叶柄长 1.5 ～ 2cm。花序近伞形；花 5 数；萼筒钟状；雄蕊多数，花药黄色；花柱基部合生，子房下位。花在蕾期红艳，开放后淡粉红色，径约 4 ～ 5cm，花梗长 2 ～ 3cm；萼片较萼筒稍短。梨果近球形，径约 2cm，黄色，味苦，基部无凹陷，花萼宿存。花期 3 ～ 5 月，果期 9 ～ 10 月。

【地理分布】华东、华北、东北南部各地习见栽培。

【繁殖方法】播种、分株、压条、扦插或嫁接繁殖，以嫁接繁殖应用较多。

【园林应用】海棠是我国久经栽培的传统花木，花果皆美，适于自然式群植、建筑前或园路两侧列植、入口处对植，小型庭院中，最适于孤植、丛植于堂前、栏外、水滨、草地、亭廊之侧。

西府海棠（小果海棠）

Malus micromalus Makino　　　　苹果属

【识别要点】落叶小乔木，高可达 5m。树冠紧抱，枝直立性强；小枝紫红色或暗紫色，幼时被短柔毛，后脱落。叶椭圆形至长椭圆形，长 5 ～ 10cm，锯齿尖锐，基部渐狭成楔形；叶柄长 2 ～ 3.5 cm。花序有花 4 ～ 7 朵，集生于小枝顶端；花淡红色，初开时色浓如胭脂；萼筒外面和萼片内均有白色绒毛，萼片与萼筒等长或稍长。果近球形，径 1 ～ 1.5cm，红色，基部及先端均凹陷；萼片宿存或脱落。花期 4 ~ 5 月，果期 9 ~ 10 月。

【地理分布】分布于辽宁南部、河北、山西、山东、陕西、甘肃、云南，各地有栽培。

【繁殖方法】播种、分株、压条、扦插或嫁接繁殖，以分株、嫁接应用较多。

【园林应用】我国传统观赏花木，应用方式同海棠花。

垂丝海棠

Malus halliana (Voss)Koehne

苹果属

【识别要点】落叶小乔木或大灌木，高可达 5m；树冠疏散、婆娑，枝条开展。小枝、叶缘、叶柄、中脉、花梗、花萼、果柄、果实常紫红色。叶卵形、椭圆形至椭圆状卵形，质地较厚，长 3.5 ~ 8cm，锯齿细钝或近于全缘。花梗细长，下垂；花初开时鲜玫瑰红色，后渐呈粉红色，径 3 ~ 3.5cm；萼片三角状卵形，顶端钝，与萼筒等长或稍短；花柱 4 ~ 5。果倒卵形，径 6 ~ 8mm，萼片脱落。花期 3 ~ 4 月，果期 9 ~ 10 月。

【变　　种】重瓣垂丝海棠 var. *parkmanii* Rehd.，花重瓣。白花垂丝海棠 var. *spontanea* Rehd.，花白色，花叶均较小。

【地理分布】分布于长江流域至西南各地。常见栽培。多用嫁接繁殖。

【繁殖方法】分株、压条、嫁接繁殖。

【园林应用】花繁色艳，朵朵下垂，是著名庭园观赏花木，也可盆栽。

山荆子

Malus baccata Borkh.

苹果属

【识别要点】落叶乔木，高可达 14m。树冠近圆形，小枝纤细，无毛。叶卵状椭圆形，长 3 ~ 8cm，叶柄长 3 ~ 5cm。花白色，径 3 ~ 3.5cm，萼片披针形，长于萼筒。果近球形，径不足 1cm，红色或黄色，萼脱落。花期 4 ~ 5 月，果期 9 ~ 10 月。

【地理分布】分布于东北、华北、西北等地；蒙古、俄罗斯和日本、朝鲜也有分布。

【繁殖方法】播种、嫁接和压条繁殖。

【园林应用】枝繁叶茂，是优美的园林绿化树种。嫩叶可代茶。

苹果

Malus pumila Mill.

苹果属

【识别要点】落叶乔木，高可达15m；树冠球形或半球形，栽培者主干较短。冬芽有毛；幼枝、幼叶、叶柄、花梗及花萼密被灰白色绒毛。叶卵形、椭圆形至宽椭圆形，幼时两面密被短柔毛，后上面无毛，有圆钝锯齿；叶柄长1.2 ~ 3cm。花白色带红晕，径3 ~ 4cm；花萼倒三角形，较萼筒稍长；花柱5。果扁球形，径5cm以上，两端均下洼，萼宿存；形状、大小、色泽等因品种不同而异。花期4 ~ 5月，果期7 ~ 10月。

【地理分布】原产欧洲和亚洲中部，为温带重要果树。我国主要栽培区为东北南部、西北、华北及西南高地。

【繁殖方法】嫁接繁殖，砧木常用山荆子、海棠果或湖北海棠等。

【园林应用】苹果是著名水果，品种繁多，园林中可结合生产，成片栽培，也可丛植点缀庭院，宜选择适应性强，抗病虫的品种。

花红（沙果）

Malus asiatica Nakai

苹果属

【识别要点】落叶小乔木，高可达6m。嫩枝、花柄、萼筒和萼片内外两面都密生柔毛。叶片卵形至椭圆形，长5 ~ 11cm，基部宽楔形，边缘锯齿常较细锐，下面密被短柔毛。花粉红色，萼片宽披针形，比萼筒长，花柱4 ~ 5；果卵球形或近球形，黄色或带红色，径2 ~ 5cm，基部下洼，宿存萼肥厚而隆起。花期4 ~ 5月，果期7 ~ 9月。

【地理分布】产东北、华北、西北至西南地区，生于山坡向阳处或平原沙地。栽培历史悠久，以华北、西北栽培品种为多。

【繁殖方法】嫁接、分株、播种繁殖。

【园林应用】同苹果。

美人梅

Prunus cerasifera 'Pissardii' × mume'Alphandi' 李属

【识别要点】枝叶似紫叶李，但花梗细长，花托不肿大，叶片基本为卵圆形。落叶灌木或小乔木。单叶互生，幼时在芽内席卷；叶片卵圆形，长 5 ~ 9cm，紫红色。花重瓣，粉红色至浅紫红色，繁密，先叶开放。萼筒宽钟状，萼片 5 枚，近圆形至扁圆，花瓣 15 ~ 17 枚，花梗 1.5cm，雄蕊多数。花期 3 ~ 4 月。

【地理分布】园艺杂交种，由宫粉型梅花与紫叶李杂交而成。我国各地栽培，华北和东北南部也有引种栽培。

【繁殖方法】嫁接、压条、扦插繁殖。

【园林应用】花朵繁密，早春先叶开花，是优良的园林观赏树种，常用于庭院、公园、草地丛植观赏。

杏

Prunus armeniaca L. 李属

【识别要点】落叶乔木，高达 15m；树冠开阔，圆球形或扁球形。小枝红褐色。单叶互生，幼时在芽内席卷；叶柄或叶片基部常有腺体，托叶早落。叶片广卵形，长 5 ~ 10cm，宽 4 ~ 8cm，先端短尖或尾状尖，锯齿圆钝，两面无毛或仅背面有簇毛。花单生于一芽内，在枝侧 2 ~ 3 个集合在一起，先叶开放。花 5 数，径约 2.5cm，花梗极短，花萼鲜绛红色，花瓣白色至淡粉色。核果近球形，黄色或带红晕，径 2.5 ~ 3cm，有细柔毛；果核平滑。花期 3 ~ 4 月；果（5）6 ~ 7 月成熟。

【变　　种】山杏 var. *ansu*（Maxim.）Yü et Lu，为杏的野生变种，叶片基部宽楔形，花常 2 朵并生于一芽内，粉红色，果小，肉薄。

【地理分布】分布于西北、东北、华北、西南、长江中下游地区，新疆有野生纯林，以黄河流域为栽培中心。

【繁殖方法】播种或嫁接繁殖。

【园林应用】我国著名的观赏花木和果树，花繁姿娇，园林中最宜结合生产群植成林，也可于庭院、山坡、水边、草坪、墙隅孤植、丛植赏花，或照影临水，或红杏出墙。

三十六、蔷薇科

桃

Prunus persica L. 李属

【识别要点】落叶小乔木或大灌木，高达 8m；树皮暗红褐色，平滑；树冠半球形。侧芽常 3 个并生，中间为叶芽，两侧为花芽。单叶互生，幼时在芽内对折状。叶片卵状披针形或矩圆状披针形，长 8 ~ 12cm，宽 2 ~ 3cm，先端长渐尖，锯齿细钝或较粗，叶片基部有腺体。花单生，先叶开放或与叶同放，粉红色，径 2.5 ~ 3.5cm（观赏品种花色丰富，花径可达 5 ~ 7cm，花梗短，萼紫红色或绿色。果卵圆形或扁球形，黄白色或带红晕，径 3 ~ 7cm，稀达 12cm；果核椭圆形，有深沟纹和蜂窝状孔穴。花期 4 ~ 5 月；果 6 ~ 7 月成熟。

【变种变型】寿星桃 var. *densa* Makino，植株矮小，枝条节间极缩短。白桃 f. *alba* Schneid.，花白色，单瓣。白碧桃 f. *albo-plena* Schneid.，花白色，重瓣。碧桃 f. *duplex* Rehd.，花粉红色，重瓣或半重瓣。绛桃 f. *camelliaeflora*（Van Houtte）Dipp.，花深红色，重瓣。绯桃 f. *magnifica* Schneid.，花鲜红色，重瓣。洒金碧桃 f. *versicolor*（Sieb.）Voss.，一树开两色花甚至一朵花或一个花瓣中两色。垂枝碧桃 f. *pendula* Dipp.，枝条下垂，花有红、粉、白等色。紫叶桃 f. *atropurpurea* Schneid.，叶片紫红色，上面多皱折；花粉红色，单瓣或重瓣。塔型碧桃 f. *pyramidalis* Dipp.，树冠塔型或圆锥形。

【地理分布】分布于东北南部和内蒙古以南地区，西至宁夏、甘肃、四川和云南，南至福建、广东等地，各地广为栽培，主产区为华北和西北。

【繁殖方法】播种或嫁接繁殖。

【园林应用】品种繁多，树形多样，着花繁密，无论食用桃还是观赏桃，盛花期均烂漫芳菲、妩媚可爱，是园林中常见的花木和果木。适于山坡、水边、庭院、草坪、墙角、亭边更各处丛植赏花，常植于水边，桃柳间植形成“桃红柳绿”的景色。也可将各观赏品种栽植在一起，形成碧桃园。

山桃（山毛桃）

Prunus davidiana (Carr.)Franch.　　李属

【识别要点】落叶乔木，高达 10m。树冠球形或伞形，较开张；树皮暗紫红色，平滑，常具有横向环纹，老时呈纸质脱落。冬芽无毛。单叶互生，幼时在芽内对折状。叶片卵状披针形，长 5 ~ 12cm，宽 2 ~ 4cm，具细锐锯齿；叶片基部有腺体或无。花单生，先叶开放，白色至淡粉红色，径 2 ~ 3cm；萼无毛。果近球形，径约 3cm；果肉薄而干燥，核小，球形，有沟纹及小孔。花期 3 ~ 4 月，果期 7 ~ 8 月。

【变型品种】白花山桃 f. *alba (Carr.)*Rehd.，花白色或淡绿色，开花早。红花山桃 f. *rubra (Carr.)*Rehd.，花鲜玫瑰红色。曲枝山桃 ‘Tortuosa’，枝条近直立，自然扭曲，花粉红色，单瓣。

【地理分布】分布于黄河流域各地，东北及内蒙古等地有栽培。

【繁殖方法】播种繁殖。

【园林应用】树体较桃高大，花期也早，可孤植、丛植于庭院、草坪、水边等处赏花，成片植于山坡效果最佳，可充分显示其娇艳之美。也是嫁接碧桃的优良砧木。

榆叶梅

Prunus triloba Lindl.　　李属

【识别要点】落叶小乔木，栽培者多呈灌木状。树皮紫褐色。小枝无毛或微被毛。单叶互生，幼时在芽内对折状。叶片宽椭圆形至倒卵形，长 3 ~ 6cm，具粗重锯齿，先端尖或常 3 浅裂，两面多少有毛。花单生或 2 朵并生，粉红色，径 2 ~ 3cm；萼片卵形，有细锯齿。果径 1 ~ 1.5cm，红色，密被柔毛，有沟，果肉薄，成熟时开裂。花期 3 ~ 4 月，果期 6 ~ 7 月。

【变　　型】重瓣榆叶梅 f. *multiplex*（Bunge）Rehd.，花重瓣，粉红色，花萼常 10。鸾枝 f. *petzoldii* K. Koch.）Bailey，萼及花瓣各 10，花粉红色，叶下无毛。

【地理分布】分布于东北、华北、华东等地，各地广植。

【繁殖方法】嫁接繁殖，砧木常用毛樱桃、杏、山桃或榆叶梅的实生苗，若在山桃或杏砧上高接，可培养成小乔木状。

【园林应用】花团锦簇，花色或粉或红，是著名的庭园花木。宜成片应用，丛植于房前、墙角、路旁、坡地均适宜。

三十六、蔷薇科

李

Prunus salicina Lindl. 李属

【识别要点】落叶小乔木，高达 7 ~ 12m；树冠圆形，小枝褐色，开张或下垂。单叶互生，幼时在芽内席卷状。叶倒卵状椭圆形或倒卵状披针形，长 3 ~ 7cm，基部楔形，缘具细钝的重锯齿，叶柄近顶端有 2 ~ 3 腺体。花常 3 朵簇生，先叶开放或花叶同放，白色，花梗长 1 ~ 1.5cm。果卵球形，径 4 ~ 7cm，绿色、黄色或紫色，外被蜡质白霜；梗洼深陷。花期 3 ~ 4 月，果期 7 ~ 9 月。

【地理分布】原产我国，自东北南部、华北至华东、华中均有分布，各地广为栽培。

【繁殖方法】嫁接繁殖，也可嫩枝扦插或分株繁殖。

【园林应用】花白色繁密，是花果兼赏树种，可用于庭园、宅旁、或风景区等，适于清幽之处配植，或三五成丛，或数十株乃至百株片植均无不可。

紫叶李

Prunus cerasifera Ehrh. 'Pissardii' 李属

【识别要点】落叶小乔木，高 4 ~ 8m；树冠倒卵形至球形；树皮灰紫色。小枝细弱，红褐色，多分枝。单叶互生，幼时在芽内席卷状。叶紫红色，卵状椭圆形，长 4.5 ~ 6cm，宽 2 ~ 4cm，有细尖单锯齿或重锯齿，基部圆形。花常单生，稀 2 朵，淡粉红色，径 2 ~ 2.5cm，单瓣。核果球形，暗红色，径 1.5 ~ 2.5cm。花期 4 ~ 5 月；果 6 ~ 7 月成熟，极少结果。

【地理分布】原产亚洲西部，现我国各地常见栽培。

【繁殖方法】嫁接繁殖，以桃、李、山桃、杏、山杏、梅等为砧木均可。

【园林应用】分枝细瘦，树冠倒卵形近球形，叶片在整个生长季内呈红色或紫红色，是著名的观叶树种，且春季白花满树，也颇醒目。适于公园草坪、坡地、庭院角隅、路旁孤植或丛植，也是良好的园路树。

樱桃

Prunus pseudocerasus Lindl. 李属

【识别要点】落叶小乔木，高达6m；树冠扁圆形或球形。冬芽圆锥形，单生或簇生。叶宽卵形至椭圆状卵形，长6 ~ 15cm，具大小不等的尖锐重锯齿，齿尖具小腺体，无芒；下面疏生柔毛；叶柄近顶端有2腺体。伞房花序或近伞形，通常由3 ~ 6朵花组成；花白色，略带红晕，径1.5 ~ 2.5cm；萼筒钟状，有短柔毛；花梗长1.5 ~ 2cm，有疏柔毛。果近球形，无沟，径1 ~ 1.5cm，黄白色或红色。花期3 ~ 4月，先叶开放，果期5 ~ 6月。

【地理分布】产东亚，我国自辽宁南部、黄河流域至长江流域有分布，多生于海拔2000m以下的阳坡、沟边。习见栽培。

【繁殖方法】分蘖、嫁接繁殖。

【园林应用】樱桃既是著名的果品，也是晚春和初夏观果树种，果实繁密，色似赤霞、俨若绛珠。花期甚早，花朵雪白或带红晕，适于庭院种植，也可于公园、山谷等地丛植、群植。

樱花

Prunus serrulata Lindl. 李属

【识别要点】落叶乔木，高达10 ~ 25m；树皮栗褐色，有横裂皮孔。冬芽长卵形，先端尖，单生或簇生。小枝红褐色，无毛。单叶互生，幼时在芽内对折状。叶片矩圆状倒卵形、卵形或椭圆形，长5 ~ 10cm，宽3 ~ 5cm，有尖锐单锯齿或重锯齿，齿尖刺芒状；叶柄顶端有2 ~ 4腺体。伞形或短总状花序由3 ~ 6朵花组成；花梗无毛，叶状苞片篦形，边缘有腺齿；萼筒无毛；花径2 ~ 5cm，白色至粉红色。核果球形，径6 ~ 8mm，红色并变为黑色，无明显腹缝沟。花期4 ~ 5月，与叶同放，果期6 ~ 8月。

【地理分布】分布于东北、华北、华东、华中等地。

【繁殖方法】播种或嫁接繁殖。

【园林应用】樱花妩媚多姿，繁花似锦，是重要的春季花木。树体高大，可孤植或丛植于草地、房前，既供赏花，又可遮荫；也可成片种植或群植成林，则花时缤纷艳丽、花团锦簇。

日本晚樱

Prunus serrulata Lindl. var. *lannesiana* (Carr.)Rehd. 李属

【识别要点】植株较矮小，高达 10m。小枝粗壮、开展，无毛。叶倒卵形或卵状椭圆形，先端长尾状，边缘锯齿长芒状；叶柄上部有 1 对腺体；新叶红褐色。花大型而芳香，单瓣或重瓣，常下垂，粉红色、白色或黄绿色；2 ~ 5 朵成伞房状花序；苞片叶状；花序梗、花梗、花萼、苞片均无毛。花期 4 ~ 5 月。

【地理分布】原产日本，我国园林中普遍栽培。

【繁殖方法】嫁接、分株、扦插。

【园林应用】同樱花。

日本樱花（东京樱花）

Prunus yedoensis Matsum. 李属

【识别要点】落叶乔木，树体较樱花稍小。树皮暗灰色，平滑，小枝幼时有毛。叶片卵状椭圆形至倒卵形，长 5 ~ 12cm；缘具芒状单或重锯齿，叶下面沿脉及叶柄被短柔毛。花白色至淡粉红色，先叶开放，径 2 ~ 3cm，常为单瓣；萼筒圆筒形，萼片长圆状三角形，外被短毛。果实球形或卵圆形，直径约 1cm，熟时紫褐色。花期较樱花为早，叶前开放或与叶同放。

【地理分布】原产日本，栽培品种甚多。我国各大城市如北京、大连、西安、青岛、南京、南昌、杭州等均有栽培。

【繁殖方法】嫁接、分株繁殖。

【园林应用】著名观花树种，花时满株灿烂，甚为壮观，宜植于山坡、庭园、建筑物前及园路旁，或以常绿树为背景丛植。日本国花。

【相近种类】日本早樱 *Prunus subhirtella* Miq.

郁李

Prunus japonica Thunb.　　李属

【识别要点】落叶灌木，高达 1.5m。枝条细密，红褐色，无毛。冬芽 3 枚并生。单叶互生，幼时在芽内对折状。叶片卵形至卵状披针形，长 3 ~ 7cm，宽 1.5 ~ 2.5cm，有锐重锯齿，先端长尾尖，最宽处在中部以下，叶柄长 2 ~ 3mm。花单生或 2 ~ 3 朵簇生，先叶开放或与叶同放，粉红色或近白色，径约 1.5cm；萼筒杯状，萼片反卷；花瓣倒卵状椭圆形；花梗长 0.5 ~ 1cm。果近球形，径 1cm，深红色。花期 3 ~ 5 月，果期 6 ~ 8 月。

【品　　种】重瓣郁李 'Multiplex'，花朵繁密，花瓣重叠紧密。红花重瓣郁李 'Rose-plena'，花朵玫瑰红色，重瓣。

【地理分布】分布于东北、华北、华东至广东北部，生于海拔 100 ~ 200m 山坡林下、灌丛中，常见栽培。日本及朝鲜也有分布。

【繁殖方法】播种或分株、扦插繁殖。

【园林应用】低矮灌木，枝叶婆娑，早春繁花粉白，烂若云霞，夏季红果鲜艳。宜成片植于草坪、路旁、溪畔、林缘等处，或数株点缀于山石间。

【相近种类】麦李 *Prunus glandulosa* Thunb.

三十六、 蔷薇科

毛樱桃

Prunus tomentosa (Thunb.) Wall. 李属

【识别要点】落叶灌木，高 2 ～ 3m，幼枝、叶、果实密被绒毛。单叶互生，幼时在芽内对折状。叶片椭圆形至倒卵形，长 4 ～ 7cm，表面皱；叶缘有不整齐锯齿。花 1 ～ 2 朵，白色或略带粉红；花梗长约 2mm；萼筒长管状，萼片直立或开展。果红色。花期 3 ～ 4 月；果期 6 ～ 7 月。

【地理分布】分布于东北、华北、西北、华东至西南各地，生于海拔 100 ～ 3200m 山坡林中、林缘、灌丛中或草地。

【繁殖方法】播种繁殖。

【园林应用】早春先叶开花，花朵繁密，而且果实红艳，是花果兼赏的优良灌木，适于园林中坡地片植，或沿道路带状列植。

稠李

Prunus padus L. 李属

【识别要点】落叶乔木，高达 15m。树皮黑褐色，小枝紫褐色，嫩枝常有毛。单叶互生，幼时在芽内对折状。叶片椭圆形至卵状长椭圆形、矩圆状倒卵形，长 4 ～ 10cm，宽 2 ～ 4.5cm，缘有不规则细锐锯齿；叶柄长 1 ～ 1.5cm，具 2 腺体。花数朵排成下垂总状花序，基部有 2 ～ 3 叶；花白色，径 1 ～ 1.5cm，芳香；萼筒钟状，萼片有腺齿。果近球形，径 6 ～ 8mm，无纵沟，亮黑色。花期 4 月，与叶同放；果期 9 月。

【地理分布】分布于欧亚大陆东部，我国产于东北至黄河流域，多生于湿润肥沃而排水良好的山坡、沟谷、溪边、河岸。

【繁殖方法】播种繁殖。

【园林应用】花序长而下垂，花朵白色繁密，秋叶变红或黄色，是优美的园林造景材料，可栽培观赏，目前园林中应用不多。蜜源植物。

三十七、豆科 Fabaceae

营养器官检索表

1. 单叶，卵圆形或近圆形，掌状 3 ~ 5 出脉；芽叠生
 2. 灌木；叶两面无毛；花簇生于老枝干上，紫红色或白色……………………紫荆 *Cercis chinensis*
 2. 乔木；叶下面基部有簇生毛；花淡紫红色，7 ~ 14 朵生于一极短的总梗上……巨紫荆 *Cercis gigantean*
1. 复叶，羽状、三出或假掌状
 3. 羽状复叶，或有时因叶轴极度缩短而呈假掌状
  4. 二回羽状复叶
   5. 直立乔灌木
    6. 无枝刺
     7. 小叶对生，多少呈镰刀状，中脉偏向一侧
      8. 羽片 4 ~ 12 对，小叶 10 ~ 30 对，长 0.6 ~ 1.3cm；花丝粉红色……合欢 *Albizzia julibrissin*
      8. 羽片 2 ~ 4 对，小叶 5 ~ 14 对，长 1.5 ~ 4.5cm；花丝黄白色……山合欢 *Albizia kalkora*
     7. 小叶互生，卵形，中脉不偏……………………………………………美国肥皂荚 *Gymnocladus dioicus*
    6. 有枝刺；部分叶二回羽状；小叶长 0.7 ~ 2.5cm，全缘………野皂荚 *Gleditsia microphylla*
   5. 攀援灌木，树皮暗红色；茎、枝、叶轴上均有倒钩刺；羽片 3 ~ 10 对，小叶 7 ~ 15 对，长圆形，长 1 ~ 2（3.2）cm，背面有白粉；总状花序，花黄色……… 云实 *Caesalpinia decapetala*
  4. 一回羽状复叶，偶在萌生枝上出现二回，或为假掌状
   9. 偶数羽状复叶，或有时因叶轴极度缩短而呈假掌状。常有刺
    10. 乔木，具有分枝的枝刺，冬芽常叠生
     11. 叶绿色
      12. 小叶长 2.5 ~ 8cm，多少有锯齿
       13. 枝刺圆锥形，粗壮；叶缘有细密锯齿，上面网脉明显凸起；荚果直而扁平……… 皂荚 *Gleditsia sinensis*
       13. 枝刺扁而细，至少基部扁；叶全缘或有疏浅锯齿，上面网脉不明显；荚果扭转或弯曲作镰刀状…………………………………………………………………………山皂荚 *Gleditsia japonica*
      12. 小叶小，长 0.7 ~ 2.5cm，全缘；二回及一回羽状复叶… 野皂荚 *Gleditsia microphylla*
     11. 幼叶金黄色，老叶浅黄绿色，一回或偶有二回羽状复叶；常无枝刺金叶皂荚 *Gleditsia triacanthos* 'Sunburst'
    10. 灌木，偶呈小乔木状，叶轴顶端及托叶常呈刺状（不分枝）
     14. 小叶 2 对
      15. 叶轴较长，小叶呈羽状排列，花黄色带红晕……………………………锦鸡儿 *Caragana sinica*
      15. 叶轴甚短而小叶簇生如同掌状，花冠黄色，龙骨瓣玫瑰红色……红花锦鸡儿 *Caragana rosea*

14. 小叶 4 ~ 10 对

16. 小叶长圆状倒卵形、狭倒卵形或椭圆形，长 1 ~ 2cm，宽 5 ~ 10mm……… 树锦鸡儿 *Caragana arborescens*

16. 小叶倒卵形或倒卵状矩圆形，长 3 ~ 10mm，宽 2 ~ 8mm…… 小叶锦鸡儿 *Caragana microphylla*

9. 奇数羽状复叶

17. 藤本

18. 小叶 7 ~ 13 枚

19. 幼叶密生白色细毛，老叶下面无毛；花序长 15 ~ 30cm，花蓝紫色…… 紫藤 *Wisteria sinensis*

19. 老叶下面密生白色短柔毛

20. 小枝疏被毛，后变无毛；花序长 10 ~ 15cm，花冠白色……白花藤 *Wisteria venusta*

20. 小枝密被毛，后渐稀疏；花序长 20 ~ 30cm，花堇青色………… 藤萝 *Wisteria villosa*

18. 小叶 13 ~ 19 枚，花序长达 30 ~ 90cm；茎枝较细，右旋生长……多花紫藤 *Wisteria floribunda*

17. 直立乔灌木

21. 小叶无透明油腺点

22. 幼枝及小叶两面被丁字毛，托叶常宿存；灌木；荚果圆筒形

23. 复叶叶轴长 5 ~ 10cm，小叶宽卵形或椭圆形，长 1.5 ~ 3.5cm；总状花序与叶近等长……………………………………………………………………………花木蓝 *Indigofera kirilowii*

23. 复叶叶轴长 1 ~ 4cm，小叶长圆形或倒卵状长圆形，长 0.5 ~ 2cm；总状花序长于叶……………………………………………………………………本氏木蓝 *Indigofera bungeana*

22. 小叶无毛，或有毛也不为丁字毛；乔木，稀灌木

24. 小叶对生（或在五叶槐 *Sophora japonica* f. *oligophylla* 中呈簇生状）

25. 有托叶刺、枝刺或刺毛

26. 小枝和叶轴无毛；有托叶刺或刺毛

27. 小枝和叶柄均无刺毛；有托叶刺；小叶椭圆形至卵状长圆形，长 2 ~ 5cm，宽 1 ~ 2cm………………………………………………………………刺槐 *Robinia pseudoacacia*

27. 小枝和叶柄均有红色刺毛；托叶不变为刺状；小叶宽椭圆至近圆形，顶生小叶长 3.5 ~ 4.5cm，宽 3 ~ 4cm……………………………………………毛刺槐 *Robinia hispida*

26. 小枝与叶轴被平伏柔毛；托叶针刺状，枝端有时为棘刺状；小叶长 5 ~ 8（12）mm；花白色或蓝白色 ……………………………………………白刺花 *Sophora davidii*

25. 无托叶刺、枝刺或刺毛

28. 叶柄下芽或近柄下芽，芽鳞不显著；小枝绿色；荚果缢缩成串珠状

29. 小枝不下垂

30. 小叶 7 ~ 17 枚，卵形至卵状披针形，长 2.5 ~ 5cm………国槐 *Sophora japonica*

30. 羽状复叶仅有小叶 3 ~ 5 枚，簇生；顶生小叶常 3 圆裂，侧生小叶下部有大裂片………………………………………………… 五叶槐 *Sophora japonica* f. *oligophylla*

29. 小枝弯曲下垂，树冠呈伞形…………………龙爪槐 *Sophora japonica* f. *pendula*

28. 叶柄上芽，芽鳞显著；小枝非绿色；荚果扁平………………怀槐 *Maackia amurensis*

24. 小叶互生，9 ~ 11 枚，长圆形至宽椭圆形，长 3 ~ 5.5cm，宽 2.5 ~ 4cm，叶端钝圆或微凹，两面被伏贴短柔毛……………………………………………黄檀 *Dalbergia hupeana*

21. 小叶具透明油腺点，11 ~ 25 枚，长卵形至长椭圆形，长 2 ~ 4cm，先端有小短尖；丛生灌木………………………………………………………………紫穗槐 *Amorpha fruticosa*

3. 三出复叶，有时仅 1 ~ 2 枚

31. 直立乔灌木

32. 常绿灌木，三出复叶或有时退化为单叶；小叶革质，菱状椭圆形至宽披针形，两面密被灰白色绒毛……………………………………………………沙冬青 *Ammopiptanthus mongolicus*

32. 落叶灌木，三出复叶，小叶纸质，卵状椭圆形至宽椭圆形，无毛………胡枝子 *Lespedeza bicolor*

31. 落叶藤本，茎右旋，全株密被黄色长硬毛；地下具肥大块根；顶生小叶菱状卵形，全缘或 3 浅裂，侧生小叶宽卵形………………………………………………葛藤 *Pueraria lobata*

合欢

Albizia julibrissin Durazz. 合欢属

【识别要点】落叶乔木，高达 15m；树冠扁圆形，常呈伞状，冠形不太整齐。主干分枝点较低，枝条粗大而疏生。2 回偶数羽状复叶互生；叶总柄有腺体；羽片及小叶均对生、全缘、近无柄。羽片 4 ~ 12 对，有小叶 10 ~ 30 对；小叶镰刀状长圆形，长 6 ~ 12mm，宽 1.5 ~ 4mm，中脉明显偏于一侧。头状花序多数，排成伞房状，顶生或腋生；花有柄，花萼、花冠均为黄绿色，5 裂；雄蕊多数，花丝细长如绒缨状，粉红色，长 2.5 ~ 4cm，基部合生。荚果扁条形，长 9 ~ 17cm，常不开裂。花期 6 ~ 7 月；果期 9 ~ 10 月。

【地理分布】主产于亚洲热带和亚热带地区，我国分布于黄河、长江及珠江流域各地，北界可达辽东半岛，生于海拔 1500m 以下的山坡或疏林中。各地栽培普遍。

【繁殖方法】播种繁殖。

【园林应用】树冠开展，树姿优美，叶形雅致，盛夏时节满树红花，色香俱存，而且绿荫如伞，是一种优良的观花树种。可作庭荫树和行道树，也是荒山绿化造林先锋树种，在海岸、沙地栽植，能起到改良土壤的作用。

山合欢

Albizia kalkora (Roxb.)Prain.　　合欢属

【识别要点】落叶乔木，高达15m，抑或呈灌木状。二回羽状复叶，羽片2～4对，小叶5～14对，矩圆形，长1.5～4.5cm，宽1～1.8cm，两面被短柔毛；基部近圆形，偏斜；中脉显著偏向叶片的上侧。花丝黄白色。荚果长7～17cm，宽1.5～3cm，深棕色。花期5～7月，果期9～11月。

【地理分布】分布于华北、华东、华南、西南及陕西、甘肃等省，生于溪沟边、路旁和山坡上。

【繁殖方法】播种繁殖。

【园林应用】夏季开花，是优良的观花树种，尤其适于山地风景区应用。

紫荆（满条红）

Cercis chinensis Bunge　　紫荆属

【识别要点】落叶灌木，高3～5m。芽叠生。单叶互生，叶近圆形，长6～14cm，先端急尖，基部心形，全缘，两面无毛，边缘透明；叶脉掌状。花紫红色，4～10朵簇生于老枝上，先叶开放；花萼5齿裂，红色；花冠假蝶形，上部1瓣较小，下部2瓣较大；雄蕊10，花丝分离。荚果条形，长5～14cm，沿腹缝线有窄翅。花期4月，果期9～10月。

【品　　种】白花紫荆 ‘Alba’，花白色，华北园林中栽培观赏。

【地理分布】产我国长江流域至西南各地，云南、浙江等地仍有野生，现广泛栽培。

【繁殖方法】播种、分株、压条繁殖均可，生产上以播种法育苗为主。

【园林应用】干直出丛生，早春先叶开花，花形似蝶，密密层层，满树嫣红，是常见的早春花木，最适于庭院、建筑、草坪丛植、孤植，以常绿树丛或粉墙为背景效果更好；若将紫荆与白花紫荆混植，则紫白相间，分外艳丽。

【相近种类】巨紫荆 *Cercis gigantean* Cheng et Keng f.

皂荚（皂角）

Gleditsia sinensis Lam.　　皂荚属

【识别要点】落叶乔木，高达30m；树冠扁球形。无顶芽，侧芽叠生。枝刺圆锥形，粗壮，常分枝。1回羽状复叶（幼树及萌枝有2回羽状复叶）互生，短枝上叶簇生；小叶3～7（9）对，卵形至卵状长椭圆形，长3～8cm，宽1～4cm，顶端钝，叶缘有细密锯齿，上面网脉明显凸起。总状花序腋生；花杂性，黄白色，萼片、花瓣各4；雄蕊8，4长4短；子房缝线和基部被毛。荚果木质，肥厚，直而扁平，长12～30cm，棕黑色，被白粉。花期5～6月，果期10月。

【地理分布】我国广布，自东北南部、华北、长江流域至西南、华南均产。各地常见栽培。

【繁殖方法】播种繁殖。

【园林应用】树冠宽广，叶密荫浓，可植为绿荫树，宜孤植或从植，也可列植或群植。枝刺发达，也是大型防护篱、刺篱的适宜材料。

【相近种类】山皂荚 *Gleditsia japonica* Miq.；野皂荚 *Gleditsia microphylla* Gordon ex Y. T. Lee；金叶皂荚 *Gleditsia triacanthos* L.‘Sunburst’.

北美肥皂荚

Gymnocladus dioicus (L.)K. Koch.　　肥皂荚属

【识别要点】落叶乔木，高达30m；树皮厚，粗糙。枝粗壮，无顶芽。2回偶数羽状复叶，小叶互生，卵形，长5～8cm，基部斜圆或宽楔形，全缘。花单性异株，绿白色，雌花成圆锥花序，雄花簇生状；花萼管状，5裂，花瓣5；雄蕊10，5长5短。荚果矩圆状镰形，肥厚肉质，长15～26cm，褐色，冬季在树上宿存。花期5～6月，果期10月。

【地理分布】原产北美。我国北京、青岛、南京、杭州等地有栽培，长势旺盛。

【繁殖方法】播种繁殖。

【园林应用】树形开阔，树冠浓绿，为华北平原和适生区理想的观赏树种，可为行道树、群植或孤植。种子炒食，可代咖啡，在美国有“肯塔基咖啡树”之称。

云实

Caesalpinia decapetala (Roth)Alston　　云实属

【识别要点】落叶攀援灌木，树皮暗红色。茎、枝、叶轴上均有倒钩刺。2回偶数羽状复叶，羽片3～10对；小叶7～15对，长圆形，全缘，长1～3cm，两端钝圆，表面绿色，背面有白粉。总状花序顶生，长15～35cm；花瓣5，黄色，盛开时反卷，上方1片较小，最下一瓣有红色条纹。雄蕊10，分离，花丝基部有腺体或有毛。荚果长椭圆形，肿胀，略弯曲，先端圆，有喙。花期4～5月，果期9～10月。

【地理分布】原产亚洲热带和亚热带，我国秦岭以南至华南广布。华北地区有栽培。

【繁殖方法】播种或压条繁殖。

【园林应用】花色优美，花序宛垂，是优良的垂直绿化材料，可用作棚架和矮墙绿化，也可植为刺篱，花开时一片金黄，极为美观。

国槐

Sophora japonica L.　　槐属

【识别要点】落叶乔木，高达25m；树冠球形或阔倒卵形。小枝绿色，皮孔明显。奇数羽状复叶，小叶7～17枚，对生，全缘，卵形至卵状披针形，长2.5～5cm，先端尖，背面有白粉和柔毛。圆锥花序顶生，直立；花萼5齿裂，花冠蝶形、黄白色，雄蕊10，离生。荚果缢缩成串珠状，肉质，长2～8cm，不开裂；种子肾形或矩圆形，黑色，长7～9mm，宽5mm。花期6～9月；果期10～11月。

【变　　型】龙爪槐 f. *pendula* Hort.，小枝弯曲下垂，树冠呈伞形。五叶槐 f. *oligophylla* Franch.，又名蝴蝶槐，羽状复叶仅有小叶3～5枚，簇生；小叶较大，顶生小叶常3圆裂，侧生小叶下部有大裂片。

【地理分布】分布于华北至长江流域，自东北南部至华南广为栽培；朝鲜也产。

【繁殖方法】播种繁殖。龙爪槐和五叶槐等品种采用嫁接繁殖。

【园林应用】槐树是华北地区的乡土树种，树冠宽广、枝叶茂密，花朵状如璎珞，香亦清馥，是北方最重要的行道树和庭荫树。龙爪槐树形古朴，常成对植于宅第之旁，颇有庄严气势。五叶槐叶形奇特，宛若绿蝶栖止树上，最宜孤植或丛植于草坪和安静的休息区内。

白刺花（狼牙刺）

Sophora davidii (Franch.)Skeels 槐属

【识别要点】落叶灌木，高达 2.5m；小枝与叶轴被平伏柔毛。奇数羽状复叶，小叶 11 ~ 21 枚，椭圆形或长倒卵形，长 5 ~ 12mm，先端钝或微凹；托叶针刺状。总状花序生于小枝顶端，有花 5 ~ 14 朵；花白色或蓝白色，长约 1.5cm，旗瓣匙形，反曲；雄蕊花丝下部 1/3 合生。荚果念珠状，长 2 ~ 6cm。花期 5 ~ 6 月；果期 9 ~ 10 月。

【地理分布】分布于西北、华北、华中至西南，生于海拔 2500m 下的山地，在阳坡常形成群落。

【繁殖方法】播种繁殖。

【园林应用】花色优美，开花繁密，适于山地风景区内丛植或群植，或用于林缘作自然式配植，也是优良的刺篱和花篱材料，可用于盐碱地区的绿化。

刺槐（洋槐）

Robinia pseudoacacia L. 刺槐属

【识别要点】落叶乔木，高达 25m；树冠椭圆状倒卵形；树皮灰褐色，纵裂。柄下芽。小枝光滑。奇数羽状复叶，托叶刺状。小叶 7 ~ 19，全缘，对生或近对生，椭圆形至卵状长圆形，长 2 ~ 5cm，宽 1 ~ 2cm，叶端钝或微凹，有小尖头；有托叶刺。腋生总状花序下垂，长 10 ~ 20cm；花白色，芳香，长 1.5 ~ 2cm；旗瓣基部常有黄色斑点；雄蕊 2 体（9+1）。荚果条状长圆形，长 4 ~ 10cm，红褐色；种子黑色，肾形。花期 4 ~ 5 月；果期 9 ~ 10 月。

【变型品种】无刺刺槐 f. *inermis*（Mirb.）Rehd.，枝条无刺；树冠塔形，枝茂密。伞刺槐 f. *umbraculifera*（DC.）Rehd.，小乔木，分枝密，无刺或有很小的软刺；树冠近于球形；开花稀少。红花刺槐 f. decaisneana (Carr.)Voss，花冠粉红色，品种香花槐‘Idaho’，花红色，花序和花朵均较大而繁密。

【地理分布】原产美国东部的阿拍拉契亚山脉和奥萨克山脉一带，20 世纪初由欧洲引入我国青岛，后栽培扩大到黄河中下游及黄土高原、华北、东北等地，现在中国各地栽培。

【繁殖方法】播种繁殖，也可用分株、根插繁殖。

【园林应用】刺槐花朵繁密而芳香，绿荫浓密，在庭院、公园中可植为庭荫树、行道树，在山地风景区内宜大面积造林。花可食，也是著名的蜜源植物。

毛刺槐

Robinia hispida L.

刺槐属

【识别要点】落叶灌木，高达 2m；或高接于刺槐砧木上而成乔木状。茎、小枝、花梗和叶柄均有红色刺毛；托叶不变为刺状。小叶 7 ~ 13 枚，宽椭圆至近圆形，顶生小叶长 3.5 ~ 4.5cm，宽 3 ~ 4cm。3 ~ 7 朵组成稀疏的总状花序，花大，粉红或紫红色，具红色硬腺毛。果具腺状刺毛。花期 4 ~ 5 月。

【地理分布】原产北美，我国东部、南部、华北及辽宁南部园林常见栽培。

【繁殖方法】嫁接繁殖。

【园林应用】花朵大而花色艳丽，以刺槐为砧木高接可形成小乔木，作园路树用，低接可供路旁、庭院、草地边缘丛植赏花。

黄檀（不知春）

Dalbergia hupeana Hance

黄檀属

【识别要点】落叶乔木，高达 20m。树皮条状纵裂。无顶芽。小枝无毛。奇数羽状复叶；托叶早落。小叶互生，全缘，无小托叶，9 ~ 11 枚，长圆形至宽椭圆形，长 3 ~ 5.5cm，宽 2.5 ~ 4cm，叶端钝圆或微凹，叶基圆形，两面被伏贴短柔毛。圆锥花序顶生或生于近枝顶处叶腋；花冠淡紫色或黄白色。果长圆形，3 ~ 7cm，褐色。花期 5 ~ 7 月，果期 9 ~ 10 月。

【地理分布】分布于华北南部、华东、华中、华南及西南各地。

【繁殖方法】播种繁殖。

【园林应用】宜作荒山荒地的绿化先锋树种，也用于庭院观赏。

怀槐（朝鲜槐、高丽槐）

Maackia amurensis Rupr. et Maxim.　　马鞍树属

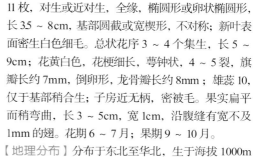

【识别要点】落叶乔木，高达25m，通常高7 ~ 8m。奇数羽状复叶，长15 ~ 30cm；小叶（5）7 ~ 11枚，对生或近对生，全缘，椭圆形或卵状椭圆形，长3.5 ~ 8cm，基部圆截或宽楔形，不对称；新叶表面密生白色细毛。总状花序3 ~ 4个集生，长5 ~ 9cm；花黄白色，花梗细长，萼钟状，4 ~ 5裂，旗瓣长约7mm，倒卵形，龙骨瓣长约8mm；雄蕊10，仅于基部稍合生；子房近无柄，密被毛。果实扁平而稍弯曲，长3 ~ 5cm，宽1cm，沿腹缝有宽不及1mm的翅。花期6 ~ 7月；果期9 ~ 10月。

【地理分布】分布于东北至华北，生于海拔1000m以下山地；朝鲜和俄罗斯远东也有分布。

【繁殖方法】播种、分株繁殖。

【园林应用】可作庭荫树和行道树。

紫穗槐（棉槐）

Amorpha fruticosa L.　　紫穗槐属

【识别要点】落叶丛生灌木，高达4m。枝条直伸，青灰色，幼时有毛；冬芽2 ~ 3叠生。奇数羽状复叶；小叶11 ~ 25枚，全缘，长卵形至长椭圆形，长2 ~ 4cm，先端有小短尖，具透明油腺点；小托叶钻形。顶生密集穗状花序；萼钟状，5齿裂；花冠蓝紫色，仅存旗瓣，翼瓣及龙骨瓣退化；雄蕊10，花药黄色，伸出花冠外。荚果短镰形或新月形，长7 ~ 9mm，密生油腺点，不开裂，1粒种子。花期4 ~ 5月，果期9 ~ 10月。

【地理分布】原产北美。约20世纪初引入我国，东北、华北、西北，南至长江流域、浙江、福建均有栽培，已呈半野生状态。

【繁殖方法】分株、扦插或播种繁殖。

【园林应用】适应性强，生长迅速，枝叶繁密，是优良的固沙、防风和改良土壤树种，可广泛用作荒山、荒地、盐碱地、低湿地、海滩、河岸、公路和铁路两侧坡地的绿化，园林中也可植为自然式绿篱。

三十七、 豆科

花木蓝（吉氏木蓝）

Indigofera kirilowii Maxim. ex Palibin　　木蓝属

【识别要点】落叶灌木，高达 2m。幼枝灰绿色，被丁字毛。奇数羽状复叶，叶轴长 8 ~ 10cm，托叶披针形，长约 1cm；小叶 7 ~ 11 枚，对生，全缘，宽卵形或椭圆形，长 1.5 ~ 3.5cm，宽 1 ~ 2.8cm，先端圆或钝，两面有白色丁字毛；有刚毛状小托叶。总状花序腋生，与叶近等长。萼 5 裂；雄蕊两体，药隔顶端常有腺体。花冠蝶形，淡紫红色，长约 1.5cm。荚果圆柱形，棕褐色，长 3.5 ~ 7cm，先端偏斜。花期 5 ~ 6 月；果期 9 ~ 10 月。

【地理分布】分布于吉林、辽宁、河北、山东、江苏等地，日本、朝鲜也有分布。

【繁殖方法】播种繁殖。

【园林应用】花大而艳丽，花期长，宜植于庭园观赏，适于丛植。

【相近种类】本氏木蓝 *Indigofera bungeana* Steud.

胡枝子

Lespedeza bicolor Turcz.　　胡枝子属

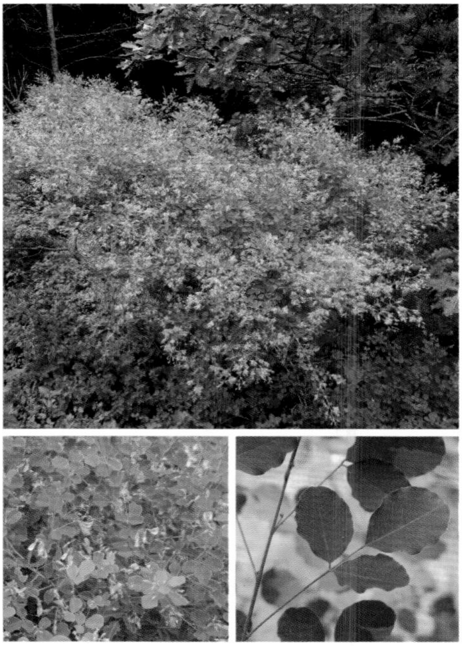

【识别要点】落叶灌木，高达 3m；分枝细长，常拱垂，小枝具棱。羽状 3 出复叶，托叶小，宿存。小叶卵状椭圆形至宽椭圆形，全缘，顶生小叶长 3 ~ 6cm，侧生小叶较小；先端圆钝或凹，有芒尖，两面疏生平伏毛，下面灰绿色，无小托叶。总状花序腋生，总梗比叶长；花红紫色；花梗、花萼密被柔毛，萼齿较萼筒短。荚果斜卵形，长 6 ~ 8mm，具网脉，种子 1，不开裂。花期 7 ~ 9 月，果期 9 ~ 10 月。

【地理分布】分布于东北、华北、西北至华中等地，常生于海拔 1000m 以下的山坡、林缘和灌丛中；俄罗斯、朝鲜、日本也产。

【繁殖方法】播种或分株繁殖。

【园林应用】株丛茂盛，叶色鲜绿，花朵紫红繁密，盛开于夏秋，是一种极富野趣的花木，适于配植在自然式园林中，可丛植于水边、山石间、坡地、林缘等各处，也是优良的防护林下木树种和水土保持植物。

锦鸡儿（金雀花）

Caragana sinica Rehd.　　锦鸡儿属

【识别要点】落叶灌木，高达 2m。小枝有角棱，无毛。偶数羽状复叶，叶轴先端常刺状；小叶 2 对，全缘，羽状排列，先端 1 对小叶较大，倒卵形至长圆状倒卵形，长 1 ~ 3.5cm，先端圆或微凹；托叶三角形，硬化成刺状，长 0.7 ~ 1.5（2.5）cm。花单生叶腋，花冠长约 2.8 ~ 3cm，黄色带红晕；花梗长约 1cm。荚果圆筒状，长达 3 ~ 3.5cm。花期 4 ~ 5 月；果期 7 月。

【地理分布】分布于华北、华东、华中至西南地区，常生于山地石缝中。

【繁殖方法】播种，也可分株、压条、根插。

【园林应用】叶色鲜绿，花朵红黄而悬于细梗上，花开时节形如飞燕。宜植为花篱，且其托叶和叶轴先端均呈刺状，兼有防护作用；也适于岩石、假山旁、草地丛植观赏，并是瘠薄山地重要的水土保持灌木。

【相近种类】红花锦鸡儿 *Caragana rosea* Turcz.；树锦鸡儿 *Caragana arborescens* Lam.；小叶锦鸡儿 *Caragana microphylla* Laxm.

紫藤（藤萝）

Wisteria sinensis (Sims)Sweet　　紫藤属

【识别要点】落叶大藤本，茎枝左旋生长，长达 20m。奇数羽状复叶互生，小叶 7 ~ 13，通常 11，对生，卵状长圆形至卵状披针形，长 4.5 ~ 11cm，宽 2 ~ 5cm，幼叶密生平贴白色细毛，后变无毛；具小托叶。总状花序下垂，长 15 ~ 30cm，花蓝紫色，长约 2.5 ~ 4cm，旗瓣圆形，基部有 2 胼胝体状附属物。果长 10 ~ 25cm，密生黄色绒毛；种子扁圆形，棕黑色。花期 4 ~ 5 月；果期 9 ~ 10 月。

【地理分布】原产我国，自东北南部、黄河流域至长江流域和华南均有栽培或分布。

【繁殖方法】播种、扦插、压条、分蘖繁殖。

【园林应用】紫藤是著名的凉廊和棚架绿化材料，庇荫效果好，春季先叶开花，花穗大而紫色，鲜花蕤垂、清香四溢，常用作棚架和凉廊式造景，还可装饰假山、枯树。

【相近种类】多花紫藤 *Wisteria floribunda* DC.；白花藤 *Wisteria venusta* Rehd. et Wils.；藤萝 *Wisteria villosa* Rehd.

三十七、豆科

沙冬青

Ammopiptanthus mongolicus (Maxim. et Kom.) Cheng. f. 沙冬青属

【识别要点】常绿灌木，高 1 ~ 2m，多分枝。小枝粗壮，黄绿色。三出复叶，少单叶；小叶革质，菱状椭圆形至宽披针形，长 2 ~ 3.5cm，宽 6 ~ 20mm，全缘，两面密被灰白色绒毛，先端钝或锐尖；托叶小，与叶柄连合而抱茎。总状花序顶生或侧生。花萼筒状，疏生柔毛；花冠黄色，蝶形。荚果扁平，线形，长 5-8cm。花期 4 ~ 5 月，果期 5 ~ 6 月。

【地理分布】产宁夏、青海、甘肃、内蒙古。蒙古也产。生于固定沙地、沙质石质山坡。

【繁殖方法】播种。

【园林应用】为薪炭、固沙和观赏灌木，园林中可于坡地、山石间丛植。

葛藤

Pueraria lobata (Willd.)Ohwi 葛属

【识别要点】落叶藤本，具肥大块根。茎右旋，全株密被黄色长硬毛。羽状 3 小叶。顶生小叶菱状卵形，长 5.5 ~ 19cm，宽 4.5 ~ 18cm，全缘或有时 3 浅裂；侧生小叶宽卵形，偏斜，深裂。总状花序腋生，长达 20cm；萼钟形，上部 2 裂片合生，下部 3 裂。花冠紫红色，旗瓣基部有附属体及耳。单体雄蕊；荚果带状，扁平，长 5 ~ 10cm，密生硬毛。花期 7 ~ 9 月；果期 9 ~ 10 月。

【地理分布】分布极广，除西藏、新疆外，几遍全国，常生于山地荒坡、路旁和疏林中。

【繁殖方法】播种或压条繁殖。

【园林应用】枝叶茂密、花朵紫红，花期正值盛夏，而且全株密毛，滞尘能力强，抗污染，是工矿区难得的垂直绿化材料，可攀附花架、绿廊，也是优良的山地水土保持树种。

三十八、胡颓子科 Elaeagnaceae

营养器官检索表

1. 叶卵形、椭圆形至披针形，互生，长 3 ~ 8cm，宽 4 ~ 10mm，叶柄长 5mm 以上
  2. 叶宽 2 ~ 3.5cm，枝叶有银白色和褐色鳞片；果红色
    3. 小枝银灰色或淡褐色，常具刺；花萼筒远较裂片长；果近球形，径 5 ~ 7mm……… 牛奶子 *Elaeagnus umbellata*
    3. 小枝红褐色，常无刺，花萼筒与裂片近等长；果卵圆形至椭圆形………… 木半夏 *Elaeagnus multiflora*
  2. 叶椭圆状披针形至狭披针形，长 4 ~ 6cm，宽 8 ~ 11mm，小枝、花序、果、叶背与叶柄密生银白色鳞片；果黄色……………………………………………………………… 沙枣 *Elaeagnus angustifolia*
1. 叶线形至线状披针形，互生或近对生，长 3 ~ 8cm，宽 4 ~ 10mm，叶柄极短 …………… 沙棘 *Hippophae rhamnoides subsp. sinensis*

沙枣（桂香柳）

Elaeagnus angustifolia L. 胡颓子属

【识别要点】落叶小乔木，高达 10m，树冠阔卵圆形；有时有枝刺。小枝、花序、果、叶背与叶柄密生银白色鳞片。单叶互生，叶片椭圆状披针形至狭披针形，长 4 ~ 6cm，宽 8 ~ 11mm，基部广楔形，先端尖或钝。花 1 ~ 3 朵生于小枝下部叶腋，花梗甚短。花被筒钟状，4 裂，外面银白色，内面黄色，芳香；雄蕊 4，有蜜腺。核果状坚果，椭圆形，外包肉质萼筒，熟时黄色，果肉粉质，果核具 8 肋。花期 5 ~ 6 月；果期 9 ~ 10 月。

【地理分布】分布于西北、华北等地；俄罗斯，中东、近东和欧洲也有分布。

【繁殖方法】播种繁殖。

【园林应用】叶片银白，秋果淡黄，可植于庭院观赏，宜丛植，也可培养成乔木状，用于列植、孤植，或经整形修剪用作绿篱。尤其是在盐碱地区是重要的园林造景材料。

牛奶子（秋胡颓子、伞花胡颓子）

Elaeagnus umbellata Thunb. 胡颓子属

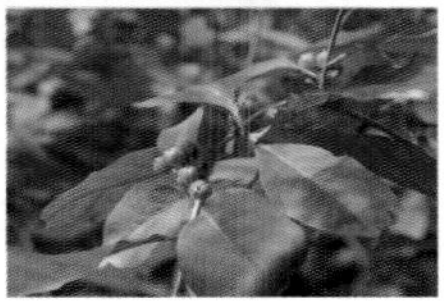

【识别要点】落叶灌木，高达 4m。枝开展，常具刺，幼枝密被银白色和淡褐色鳞片。叶卵状椭圆形至椭圆形，长 3 ~ 5cm，边缘波状，有银白色和褐色鳞片。花 2 ~ 7 朵生于叶腋，有香气，黄白色，萼筒漏斗状。果卵圆形或近球形，径 5 ~ 7mm，红色或橙红色，果梗直立。花期 4 ~ 5 月；果 9 ~ 10 月成熟。

【地理分布】产东北南部、华北、西北至长江流域、西南各省区；日本、朝鲜、中南半岛、阿富汗、意大利等地也有分布。多生于向阳林缘、灌丛、荒山坡地和河边沙地。

【繁殖方法】播种、扦插繁殖。

【园林应用】枝叶茂密，花香果黄，叶片银光闪烁，园林中常用作观叶观果树种，可增添野趣，极适合作水土保持及防护林。

【相近种类】木半夏 *Elaeagnus multiflora* Thunb.

沙棘（中国沙棘）

Hippophae rhamnoides L. subsp. sinensis Rousi 沙棘属

【识别要点】落叶灌木或小乔木，高达 10m，一般高 1 ~ 5m。分枝密，枝条有刺，幼枝有银白色或淡褐色腺鳞。叶互生或近对生，线形或线状披针形，长 3 ~ 8cm，宽 4 ~ 10mm，先端尖或钝，背面密生银白色腺鳞。雌雄异株，短总状花序腋生；花小，淡黄色，先叶开放。花萼 2 裂；雄蕊 4。坚果球形或卵形，被肉质萼筒包围，呈核果状，长 4 ~ 6mm，橘黄色或橘红色。花期 4 ~ 5 月；果期 9 ~ 10 月。

【地理分布】分布于华北、西北至四川西部，生于海拔 800 ~ 3600m 山坡、谷地和干涸的河床滩地。

【繁殖方法】播种、扦插、压条或分蘖繁殖。

【园林应用】沙棘是防风固沙、水土保持、改良土壤的优良树种；又是干旱风沙地区进行绿化的先锋树种。果色艳丽，枝叶繁茂而密生枝刺，是优良的果篱材料，园林中应用可增加山野气息。

三十九、千屈菜科 Lythraceae

紫薇（百日红）

Lagerstroemia indica L.　　紫薇属

【识别要点】落叶乔木或灌木，高达7m，枝干多扭曲；树皮光滑，小枝四棱。芽鳞2。叶对生或上部互生，椭圆形至倒卵形，长3 ~ 7cm，先端尖或钝，基部广楔形或圆形。圆锥花序顶生，长9 ~ 20cm；花蓝紫色、红色至白色，径约3 ~ 4cm，花萼、花瓣均为6枚，花瓣有长爪，皱褶；雄蕊多数，外轮6枚特长。蒴果椭圆状球形，室背6裂，花萼宿存；种子顶端有翅。花期6 ~ 9月，果期10 ~ 11月。

【地理分布】以我国为分布和栽培中心，产四川、湖南、湖北、江西、江苏、安徽、浙江、福建、台湾、广东及广西，各地普遍栽培。日本也有分布。

【繁殖方法】播种、扦插、分蘖繁殖。

【园林应用】树姿优美，树干光洁，花期长而且开花时正值少花的盛夏，是著名花木。可于庭园门口、堂前对植，路旁列植，或草坪、池畔丛植、孤植；也可修剪成灌木状丛植赏花，植于窗前、草地无不适宜。

四十、瑞香科 Thymelaeaceae

营养器官检索表

1. 叶对生，偶互生，长椭圆形，长3 ~ 4cm……………………………………………芫花 *Daphne genkwa*
1. 叶互生并常集生于枝顶，长椭圆形至倒披针形，长6 ~ 20cm……结香 *Edgeworthia chrysantha*

芫花

Daphne genkwa Sieb. et Zucc.　　瑞香属

【识别要点】落叶灌木，高达1m。枝细长直立，幼时密被淡黄色绢状毛。叶对生，偶互生，长椭圆形，长3～4cm，先端尖，基部楔形，背面脉上有绢状毛。花簇生枝侧，萼筒呈花冠状，紫色或淡紫红色，4裂，外面有绢状毛，无香气；雄蕊8，成2轮着生于萼筒内壁顶端。果肉质，核果状，白色。花期3～4月，先叶开放；果期5～6月。

【地理分布】分布于长江流域以南及山东、河南、陕西等省，多生于低海拔山区。

【繁殖方法】播种或分株繁殖。

【园林应用】春天叶前开花，颇似紫丁香，宜植于庭园观赏。此外，还是优良的纤维植物。

【相近种类】黄瑞香 *Daphne giraldii* Nitsche.

结香

Edgeworthia chrysantha Lindl.　　结香属

【识别要点】落叶灌木，高达2m。枝粗壮柔软，三叉状，棕红色。叶互生，常集生枝端，长椭圆形至倒披针形，长6～20cm，先端急尖，基部楔形并下延，表面疏生柔毛，背面被长硬毛；具短柄。花40～50朵集成下垂的头状花序，腋生，黄色，芳香；花冠状萼筒长瓶状，外被绢状长柔毛，4裂；雄蕊8，2轮。核果干燥，卵形。花期3～4月，先叶开放；果期7～8月。

【地理分布】产长江流域至西南地区，北达陕西、河南。

【繁殖方法】分株或扦插繁殖。

【园林应用】柔条长叶，姿态清雅，花多而成簇，芳香浓郁。适于草地、水边、石间、墙隅、疏林下丛植。

四十一、石榴科 Punicaceae

石榴（安石榴）

Punica granatum L.　石榴属

【识别要点】落叶乔木或呈灌木状。幼枝平滑，四棱形，顶端多为刺状；有短枝。单叶对生或近簇生，叶倒卵状长椭圆形或椭圆形，长2～9cm，无毛，全缘；无托叶。花单生或2～5朵簇生；萼钟形，5～9裂，红色或黄白色，肉质，长2～3cm；花瓣5～9，红色、白色或黄色，多皱；雄蕊多数；子房具叠生子室，上部5～7室为侧膜胎座，下部3～7室为中轴胎座。浆果球形，红色或深黄色，径6～8cm或更大，外果皮革质，花萼宿存；种子多数，外种皮肉质多汁。花期5～6月，果期9～10月。

【变　种】白石榴 var. *albescens* DC.，花白色，单瓣，果实黄白色。重瓣白石榴 var. *multiplex* Sweet.，花白色，重瓣。重瓣红石榴 var. *pleniflora* Hayne 花大型，重瓣，红色。玛瑙石榴 var. *legrellei* van Houtte.，花大型，重瓣，花瓣有红色和黄白色条纹。黄石榴 var. *flavescens* Sweet.，花黄色，单瓣或重瓣。月季石榴 var. *nana*（L.）Pers.，矮生，叶片、花朵、果实均小，花单瓣，花期长。重瓣月季石榴 var. plena Voss.，矮生，叶细小，花红色，重瓣，通常不结实。墨石榴 var. *nigra* Hort.，矮生，枝条细柔、开张，花小，多单瓣；果实成熟时紫黑色。

【地理分布】原产伊朗和阿富汗等地。我国黄河流域以南各地以及新疆等地均有栽培。

【繁殖方法】播种、分株、压条、嫁接、扦插均可，但以扦插较为普遍。

【园林应用】我国传统文化中石榴被视为吉祥植物，故庭院中多植。适宜孤植、丛植于建筑附近、草坪、石间、水际、山坡，对植于门口、房前；也可植为园路树。

四十二、 八角枫科 Alangiaceae

八角枫

Alangium chinense（Lour.）Harms　　八角枫属

【识别要点】落叶乔木，高达15m，或呈灌木状。树皮淡灰色，平滑。小枝呈之字形弯曲，疏被柔毛或无毛。叶互生，近圆形、椭圆形或卵形，长13～19（26）cm，全缘或3～7（9）裂，基部宽楔形或平截，稀近心形，上面无毛，下面脉腋被簇生毛；基出脉3～5（7）；叶柄长2.5～3.5cm。二歧聚伞花序具花7～30（50）朵，总梗长1～1.5cm；花梗长0.5～1.5cm；萼齿6～8；花瓣6～8，长1～1.5cm，黄白色，外面微被柔毛；雄蕊6～8，花丝长2～3mm，微被柔毛，花药长6～8mm，药隔无毛；柱头头状，2～4裂。核果卵圆形，长0.7～1.2cm，径5～8mm，黑色。花期5～7月，果期9～10月。

【地理分布】分布于于华北南部、甘肃、陕西、华东、华中、华南、西南等各地；东南亚、非洲东部也有分布。生于海拔1800m以下山地疏林中、溪边、林缘。

【繁殖方法】播种繁殖。

【园林应用】八角枫树形自然，枝叶扶疏，园林中宜丛植观赏，或用于群落的中层。

四十三、蓝果树科 Nyssaceae

喜树

Camptotheca acuminata Decne. 喜树属

【识别要点】落叶乔木，高达 30m。小枝绿色，髓心片隔状。单叶互生，椭圆形至长卵形，长 12 ~ 28cm，宽 6 ~ 12cm，先端突渐尖，基部广楔形，全缘或微波状，萌蘖枝及幼树枝之叶常疏生锯齿，羽状脉弧形，背面疏生短柔毛，脉上尤密；叶柄常带红色。花单性同株，头状花序常数个组成总状复花序，上部为雌花序，下部为雄花序；花萼 5 裂；花瓣 5，淡绿色；雄蕊 10；子房 1 室。翅果长 2 ~ 3cm，有窄翅，集生成球形。花期 5 ~ 7 月；果 9 ~ 11 月成熟。

【地理分布】分布于长江流域以南各地。河南南部、山东东部栽培，生长良好。北京引栽，地上部分易冻死。

【繁殖方法】播种繁殖。

【园林应用】树姿雄伟，花朵清雅，果实集生成头状，新叶常带紫红色，是优良的行道树、庭荫树。既适合庭院、公园和风景区造景应用，也是常用的公路树和堤岸、河边绿化树种。

四十四、山茱萸科 Cornaceae

营养器官检索表

1. 叶对生
  2. 叶下面脉腋有簇生毛，叶柄较短
    3. 树皮片状剥落；侧脉 6 ~ 8 对；伞形花序，总苞黄绿色，花金黄色……………山茱萸 *Cornus officinale*
    3. 树皮不为片状剥落；侧脉 3 ~ 5 对；头状花序，总苞 4 枚，白色、花瓣状，花黄白色……………………………………………………………四照花 *Dendrobenthamia japonica* var. *chinensis*
  2. 叶下面脉腋无簇生毛，叶柄较长
    4. 灌木，树皮暗红色，小枝鲜红色，无毛……………………………………………………… *Swida alba*
    4. 乔木，树皮黑褐色，小枝绿白色或灰褐色………………………………………………毛株 *Swida walteri*
1. 叶互生，并常集生枝顶，广卵形，侧脉 6 ~ 8 对；大枝近轮状着生…………灯台树 *Swida controversum*

四十四、山茱萸科

红瑞木

Swida alba Opiz. 梾木属

【识别要点】落叶灌木，高 3m。树皮暗红色，小枝血红色，幼时被灰白色短柔毛和白粉。单叶对生，卵形或椭圆形，全缘，长 5 ~ 8.5cm，下面粉绿色，侧脉 4 ~ 5（6）对，两面疏生柔毛。伞房状复聚伞花序，顶生，无总苞；花小，4 数，花瓣卵状椭圆形，黄白色。核果长圆形，微扁，乳白色或蓝白色。花期 5 ~ 7 月；果期 8 ~ 10 月。

【地理分布】分布于东北、华北、西北至江浙一带，生于海拔 600 ~ 1700m 山地溪边、阔叶林及针阔混交林内。

【繁殖方法】播种、扦插、分株繁殖。

【园林应用】枝条终年红色，叶片经霜亦变红，果实白色，极为美观。园林中最适于庭院、草地、建筑物前、树间丛植。

灯台树

Swida controversum (Hemsl.)Mold. 梾木属

【识别要点】落叶乔木，高达 20m；树皮暗灰色，浅纵裂；大枝平展，轮状着生；当年生枝紫红色或带绿色，无毛。单叶互生，常集生枝顶，广卵形，长 6 ~ 13cm，宽 3 ~ 6.5cm，先端骤渐尖，基部楔形或圆形，侧脉 6 ~ 8 对，表面深绿色，背面灰绿色，疏生平伏短柔毛。伞房状聚伞花序，花白色，径 8mm。核果球形，成熟时由紫红色变蓝黑色，径 6 ~ 7mm，果核顶端有一方形孔穴。花期 5 ~ 6 月；果期 9 ~ 10 月。

【地理分布】分布甚广，东北南部、黄河流域、长江流域至华南、西南、台湾均产。朝鲜、日本、印度亦产。

【繁殖方法】播种、扦插繁殖。

【园林应用】树形齐整，大枝平展，树冠美丽，是一优美的观形树种，花朵细小而花序硕大，白色而素雅，平铺于层状枝条上，花期颇为醒目，适宜孤植于庭院、草地，也可作行道树。

毛梾

Swida walteri (Wanger.)Sojak.

梾木属

【识别要点】落叶乔木，高 6 ~ 12m。树皮黑褐色，深纵裂。小枝绿白色或灰褐色，长成后无毛。单叶对生，卵形至椭圆形，长 4 ~ 10cm，宽 2 ~ 5cm，先端渐尖，基部楔形，叶缘全缘并略波浪状，两面有短柔毛，背面较密；侧脉弧形，4 ~ 5 对；叶柄长 1 ~ 3cm。伞房状聚伞花序，顶生，长约 5cm；花白色，花瓣 4，舌状披针形；雄蕊 4。核果球形，直径 6 ~ 7mm，熟后黑色。花期 5 月，果期 9 ~ 10 月。

【地理分布】分布于辽宁南部，华北、西北、华东、西南等地，以山西、山东、河南、陕西最多。常生于丘陵山地的阳坡、沟谷坡地的林缘、灌木林及疏林中。朝鲜、日本也有分布。

【繁殖方法】播种、插根繁殖。

【园林应用】适应性强，是优良的园林绿化和固土树种和蜜源植物。

山茱萸

Cornus officinale Sieb. et Zucc.

山茱萸属

【识别要点】落叶乔木，高达 10m；树皮灰褐色，枝条常对生。芽被毛。叶对生，全缘，卵状椭圆形，稀卵状披针形，长 5 ~ 12cm，先端渐尖，上面疏被平伏毛，下面被白色平伏毛，脉腋有褐色簇生毛，侧脉 6 ~ 8 对。伞形花序有花 15 ~ 35 朵；总苞黄绿色，椭圆形；总苞芽鳞状，4 枚，脱落。花瓣和雄蕊 4 枚；花瓣舌状披针形，金黄色。核果长椭圆形，长 1.2 ~ 1.7cm，红色或紫红色。花期 3月；果期 8 ~ 10 月。

【地理分布】分布于华东至黄河中下游地区，生于海拔 400 ~ 1500m 的阴湿溪边、林缘或林内。日本和朝鲜也有分布。

【繁殖方法】播种繁殖。

【园林应用】树形开张，早春先叶开花，花朵细小但花色鲜黄，极为醒目，秋季果实红艳，宛如红花，是优美的观果和观花树种。园林中宜于小型庭院、亭边、园路转角处孤植或于山坡、林缘丛植。

四照花

Dendrobenthamia japinica（A. P. DC.）Fang var. *chinensis*（Osborn）Fang　　四照花属

【识别要点】落叶小乔木，高达 9m。嫩枝细，有白色柔毛，后脱落。叶对生，卵形、卵状椭圆形，长 6 ~ 12cm，先端渐尖，基部宽楔形或圆形，下面粉绿色，脉腋有淡褐色绢毛簇生，侧脉 3 ~ 5 对，弧形弯曲。头状花序球形，花黄白色；花序基部有 4 枚白色花瓣状大苞片；花萼内侧有一圈褐色短柔毛。核果聚为球形肉质聚花果，成熟后紫红色。花期 5 ~ 6 月；果期 9 ~ 10 月。

【地理分布】分布于陕西、山西、甘肃至长江流域、西南地区，生于海拔 740 ~ 2100m 山谷、溪边、山坡杂木林中。

【繁殖方法】播种繁殖，也可分蘖或扦插。

【园林应用】初夏开花，花序具有 4 枚花瓣状白色大苞片，花开时满树雪白，花期长达 1 个月；秋季果序红色，形似荔枝，秋叶也红艳可爱。宜以常绿树为背景，丛植、列植于草地、路边、林缘、池畔等各处，或混植于常绿树丛中；也适宜庭院中孤植，可用于厅堂前、亭榭边。

四十五、卫矛科 Celastraceae

营养器官检索表

1. 叶对生，小枝皮孔不明显。
  2. 匍匐或攀援灌木，有气生根。
    3. 叶椭圆形、长椭圆形至披针形，背面叶脉显著；聚伞花序 3 ~ 4 次分枝，花序梗长 1.5 ~ 3cm，花序最终小聚伞密集……扶芳藤 *Euonymus fortunei*
    3. 叶片倒卵形或阔椭圆形；聚伞花序较疏散，有花约 15 朵，2 ~ 3 次分枝·胶州卫矛 *Euonymus kiautschovicus*
  2. 直立灌木或小乔木。
    4. 小枝多少呈四棱形。
      5. 常绿性，叶厚革质；小枝无木栓翅……大叶黄杨 *Euonymus japonicus*

5. 落叶性，叶纸质或厚纸质；小枝常具 2 ~ 4 列纵向的阔木栓翅 ……… 卫矛 *Euonymus alatus*

4. 小枝圆柱形。

6. 落叶性，叶纸质。

7. 冬芽长达 1cm，叶柄短，长 3 ~ 9mm……………………………… 垂丝卫矛 *Euonymus oxyphyllus*

7. 冬芽短，叶柄长 1 ~ 3. 5cm ……………………………………………… 丝棉木 *Euonymus maackii*

6. 半常绿，叶近革质，倒卵形，长 5 ~ 8cm ……………………… 胶州卫矛 *Euonymus kiautschovicus*

1. 叶互生，近圆形或倒卵形，长 5 ~ 10cm，小枝皮孔粗大而隆起 …… 南蛇藤 *Celastrus orbiculatus*

大叶黄杨（冬青卫矛、正木）

Euonymus japonicus Thunb.　　卫矛属

【识别要点】常绿灌木或小乔木，高达 8m。全株近无毛。小枝绿色，稍有四棱。单叶对生，叶片厚革质，有光泽，倒卵形或椭圆形，长 3 ~ 6cm，先端尖或钝，基部楔形，锯齿钝。聚伞花序腋生，总梗长 2 ~ 5cm，1 ~ 2 回二歧分枝；花绿白色，4 基数。果扁球形，淡粉红色，四瓣裂。种子有橘红色假种皮。花期 5 ~ 6 月；果期 9 ~ 10 月。

【品　种】银边大叶黄杨 'Albo-marginatus'，叶片有乳白色窄边。金边大叶黄杨 'Ovatus Aureus'，叶片有宽的黄色边缘。金心大叶黄杨 'Aureus'，叶片从基部起沿中脉有不规则的金黄色斑块，但不达边缘。

【地理分布】原产日本南部和我国浙江舟山，各地广为栽培。

【繁殖方法】多采用扦插繁殖，也可播种、压条、嫁接。

【园林应用】四季常绿，树形齐整，是园林中最常见的观赏树种之一。常用作绿篱，也适于整形修剪成方形、圆形、椭圆形等各式几何形体，或对植于门前、入口两侧，或植于花坛中心，或列植于道路、亭廊两侧、建筑周围，或点缀于草地、台坡、桥头、树丛前，均甚美观，也可作基础种植材料或丛植于草地角隅、边缘。

扶芳藤

Euonymus fortunei (Turcz.)Hand.-Mazz. 卫矛属

【识别要点】常绿藤本，靠气生根攀援，长达10m。小枝密生小瘤状突起。叶椭圆形、长椭圆形至披针形，宽窄变异较大，长2 ~ 8cm，宽1.5 ~ 4 cm，钝锯齿，表面通常浓绿色，背面叶脉显著；叶柄长3 ~ 6mm。聚伞花序腋生，3 ~ 4次分枝，花序梗长1.5 ~ 3 cm，花序最终小聚伞密集，有花4 ~ 7朵；花梗长5 mm；花绿白色，径约6mm。蒴果近球形，径约6 ~ 12mm，黄红色，稍有4凹线；种子有橘黄色假种皮。花期6月；果期10月。

【品　种】小叶扶芳藤‘Minimus’，叶小枝细。红边扶芳藤‘Roseo-marginata’，叶缘粉红色。白边扶芳藤‘Argentes-marginata’，叶缘绿白色。

【地理分布】分布于黄河以南至长江流域，常攀援于树干、岩石上。

【繁殖方法】扦插繁殖。

【园林应用】生长迅速，枝叶繁茂，叶片入冬红艳可爱，气生根发达，吸附能力强。适于美化假山、石壁、墙面、栅栏、驳岸，也是优良的地被和护坡植物，尤其是小叶扶芳藤枝叶稠密，用作地被时可形成犹如绿色地毯一般的覆盖层。

【相近种类】胶州卫矛 *Euonymus kiautschovicus* Loes.

丝棉木（桃叶卫矛、白杜）

Euonymus maackii Rupr. 卫矛属

【识别要点】落叶小乔木，高达8m；树冠圆形或卵圆形。小枝绿色。叶卵形至卵状椭圆形，长4 ~ 8cm，宽2 ~ 5cm，先端渐尖，有细锯齿，叶柄长1.5 ~ 3.5cm，有时较短。花淡绿色。蒴果倒卵形，直径9 ~ 10mm，粉红色，4深裂，种子具橘红色假种皮。花期5 ~ 6月；果期9 ~ 10月。

【地理分布】分布于东北、内蒙古、华北以南各地，西至甘肃。朝鲜和俄罗斯西伯利亚也有分布。

【繁殖方法】播种繁殖，亦可分株、扦插。

【园林应用】枝叶秀丽，春季满树繁花，秋季红果累累，在枝条上悬挂甚久，而且果实开裂后露出鲜红或橘红色的种子，是优良的观果植物。宜植于林缘、路旁、草坪、湖边等处，也适于庭院绿化。

【相近种类】垂丝卫矛 *Euonymus oxyphyllus* Miq.，

卫矛（鬼羽箭）

Euonymus alatus (Thunb.)Sieb.

卫矛属

【识别要点】落叶灌木，全体无毛。小枝具2～4列纵向的阔木栓翅；叶倒卵形或倒卵状长椭圆形，长2～7cm，叶柄极短，长1～3mm。蒴果4深裂，或仅1～3个心皮发育，棕紫色；种子褐色，有橘红色假种皮。花期5～6月；果期9～10月。

【地理分布】除新疆、青海、西藏外，全国各地均产；日本和朝鲜也有分布。

【繁殖方法】分株、扦插或播种繁殖。

【园林应用】秋叶紫红色，鲜艳夺目，落叶后紫果悬垂，开裂后露出橘红色假种皮，绿色小枝上着生的木栓翅也很奇特，日本称为“锦木”。可孤植、丛植于庭院角隅、草坪、林缘、亭际、水边、山石间。

南蛇藤（落霜红）

Celastrus orbiculatus Thunb.

南蛇藤属

【识别要点】落叶藤本，茎缠绕，长达15m。小枝圆，皮孔粗大而隆起，枝髓白色充实。叶互生，近圆形或倒卵形，长5～10cm，宽3～7cm，先端突尖或钝尖，基部近圆形，锯齿细钝。聚伞花序腋生，腋生间有顶生，具3～7朵花，花序梗长1～3cm；花小，5数，黄绿色。蒴果橙黄色，球形，径7～9mm，室背3裂。种子白色，有红色肉质假种皮。花期4～5月；果期9～10月。

【地理分布】分布于东北、华北、西北至长江流域、西南各地；日本和朝鲜也有分布。

【繁殖方法】播种、扦插、压条繁殖。

【园林应用】叶片经霜变红，果实黄色，开裂后露出鲜红色的种子，园林中应用颇具野趣，可供攀附花棚、绿廊或缠绕老树，也适于湖畔、溪边、坡地、林缘及假山、石隙等处丛植。

四十六、冬青科 Aquifoliaceae

枸骨（鸟不宿）

Ilex cornuta Lindl.

冬青属

【识别要点】常绿灌木或小乔木，树冠阔圆形，树皮灰白色，平滑。单叶互生，叶硬革质，矩圆状四方形，长 4 ~ 8cm，顶端扩大并有 3 枚大而尖的硬刺齿，基部两侧各有 1 ~ 2 枚大刺齿；大树树冠上部的叶常全缘，基部圆形，表面深绿色有光泽，背面淡绿色。聚伞花序，黄绿色，簇生于 2 年生小枝叶腋。核果球形，鲜红色，径 8 ~ 10mm，4 分核。花期 4 ~ 5 月，果期 10 ~ 11 月。

【品　　种】无刺枸骨‘Fortunei’，叶全缘，无刺齿。

【地理分布】分布于江苏、上海、安徽、浙江、江西、湖北、湖南等地。朝鲜有分布。各地庭园中广植。

【繁殖方法】多采用播种或扦插繁殖。种子需沙藏，春播。

【园林应用】枝叶稠密，叶形奇特，果实红艳且经冬不凋，叶片有锐刺，兼有观果、观叶、防护和隐蔽之效，宜作基础种植材料或植为高篱，也可修剪成型，孤植于花坛中心，对植于庭院、路口或丛植于草坪观赏。老桩可制作盆景。

四十七、黄杨科 Buxaceae

营养器官检索表

1. 叶椭圆形或倒卵形。
    2. 叶椭圆形至卵状椭圆形，中部或中下部最宽；分枝密集锦熟……黄杨 *Buxus sempervirens*
    2. 叶倒卵形至倒卵状椭圆形，中部以上最宽；枝叶较疏散……………………黄杨 *Buxus sinica*
1. 叶倒披针形至倒卵状披针形，狭长……………………………………………雀舌黄杨 *Buxus bodinieri*

黄杨

Buxus sinica (Rehd. et Wils.)Cheng ex M. Cheng　　黄杨属

【识别要点】常绿灌木或小乔木，高达 7m。树皮灰色，鳞片状剥落；枝有纵棱；小枝、冬芽和叶背面有短柔毛。单叶对生，无托叶。叶片全缘，厚革质，倒卵形、倒卵状椭圆形至广卵形，通常中部以上最宽，长 2 ~ 3.5cm，宽 1 ~ 2cm，先端圆钝或微凹，基部楔形，表面深绿色而有光泽，背面淡黄绿色。聚伞花序呈簇生状，雌、雄花同序，常顶生 1 雌花，余为雄花；雄花具 1 小苞片，萼片 4，雄蕊 4；雌花具 3 小苞片，萼片 6，子房 3 室，花柱 3。蒴果，3 瓣裂，顶端有宿存花柱。花期 4 月，果期 7 ~ 8 月。

【地理分布】分布于华南、华东、华中、四川、贵州等地，北达河南、山西、甘肃，生于海拔山谷、溪边、林下、林缘。普遍栽培。

【繁殖方法】播种、压条或扦插繁殖。

【园林应用】枝叶扶疏，叶片小，耐修剪，最适于作绿篱和基础种植材料，经整形也可于路旁列植或作花坛镶边，也适于在小型庭院、林下、草地孤植、丛植或点缀山石，还是著名的盆景材料。

【相近种类】锦熟黄杨 *Buxus sempervirens* L.

雀舌黄杨

Buxus bodinieri Lévl.　　黄杨属

【识别要点】常绿灌木，高 3 ~ 4m；分枝多，密集成丛。小枝四棱形。叶薄革质，倒披针形或倒卵状长椭圆形，长 2 ~ 4cm，宽 8 ~ 18mm，先端最宽，圆钝或微凹；上面绿色光亮，两面中脉明显凸起；近无柄。头状花序腋生，顶部生 1 雌花，其余为雄花；不育雌蕊和萼片近等长或稍超出。蒴果卵圆形。花期 8 月，果期 11 月。

【地理分布】分布于长江流域至华南、西南。习性和黄杨相近，但耐寒性不如后者。

【繁殖方法】播种、压条或扦插繁殖。

【园林应用】各地常见栽培，植为绿篱，或整形修剪成各种几何形体，用于园林点缀。

四十八、 大戟科 Euphorbiaceae

营养器官检索表

1. 单叶。
 2. 掌状脉，叶缘有粗锯齿，叶柄顶端有软刺；茎丛生而少分枝，常紫红色；叶宽卵形至圆形，长 7 ~ 17cm，上面疏生短毛，下面带紫色 ………………………………………… 山麻杆 *Alchornea davidii*
 2. 羽状脉，叶柄顶端有或无腺体。
  3. 枝叶有乳汁。
   4. 乔木，叶菱形或菱状卵形，长宽均约 5 ~ 9cm，先端短尾尖 ………… 乌桕 *Sapium sebiferum*
   4. 灌木，叶卵形、卵状椭圆形，长 8 ~ 16 cm……………………………… 白乳木 *Sapium japonicum*
  3. 枝叶无乳汁。
   5. 叶二列状排列，基部楔形，全缘或间有不整齐波状齿或细锯齿……………… 叶底珠 *Flueggea suffruticosa*
   5. 叶不为二列状排列，卵圆形或三角状卵形，基部圆形，全缘…… 黑钩叶 *Leptopus chinensis*
1. 三出复叶，小叶卵圆形至椭卵形，长 6 ~ 14cm，宽 4.5 ~ 7cm ………重阳木 *Bischofia polycarpa*

重阳木

Bischofia polycarpa (Lévl.)iry-Shaw 重阳木属

【识别要点】落叶乔木，高达 15m；树冠近球形。小枝红褐色。三出复叶，小叶卵圆形至椭圆状卵形，长 6 ~ 9（14）cm，宽 4.5 ~ 7cm，有细齿，基部圆形或近心形，先端短尾尖，两面光滑无毛。雌雄异株；总状花序下垂，雄花序长 8 ~ 13cm，雌花序较疏散。萼片 5；无花瓣；雄蕊 5，与萼片对生；子房 3 室，每室胚珠 2。果球形，浆果状，径 5 ~ 7mm，红褐色。花期 4 ~ 5 月；果期 10 ~ 11 月。

【地理分布】分布于秦岭、淮河流域以南至华南北部，在长江中下游平原习见，华北南部栽培。

【繁殖方法】播种繁殖。

【园林应用】树姿婆娑优美，绿荫如盖，早春嫩叶鲜绿光亮，秋叶红色，艳丽夺目，是重要的色叶树种，适宜作庭荫树，可于庭院、湖边、池畔、草坪上孤植或丛植点缀，也适于作行道树。

山麻杆

Alchornea davidii Franch.

山麻杆属

【识别要点】落叶丛生灌木，高 1 ~ 3m。茎直立而少分枝，常紫红色；幼枝有绒毛，老枝光滑。单叶互生，基部有腺体，叶宽卵形至圆形，长 7 ~ 17cm，有粗齿，上面疏生短毛，下面带紫色，密生绒毛；3 出脉。雌雄同株；雄花密生成短穗状花序，长 1.5 ~ 3cm，萼 4 裂，雄蕊 8；雌花疏生成总状花序，长 4 ~ 5cm，萼 4 裂，子房 3 室。蒴果扁球形，径约 1cm，密生短柔毛；分裂成 2 ~ 3 个分果瓣，中轴宿存。花期 4 ~ 5 月；果期 7 ~ 8 月。

【地理分布】分布于黄河流域以南至长江流域和西南地区，常生于山地阳坡灌丛中。

【繁殖方法】分株、扦插或播种繁殖。

【园林应用】植株丛生，春季嫩叶呈现胭脂红色或紫红色，秋叶又为橙黄或红色，艳丽可爱。适于坡地、路旁、水滨、石间处丛植。

乌柏（蜡子树）

Sapium sebiferum (L.)Roxb.

乌柏属

【识别要点】落叶乔木，高达 15m；树冠近球形，树皮浅纵裂。枝叶有乳汁。单叶互生，全缘，羽状脉；叶柄顶端有 2 腺体。叶菱形至菱状卵形，长宽约 5 ~ 9cm，先端尾尖，基部宽楔形，光滑无毛。雄花数朵组成小聚伞花序，再集生为长穗状复花序，雌花 1 至数朵生于花序下部；花萼 2 ~ 3 裂；雄蕊 2 ~ 3 枚；无花瓣。蒴果 3 棱状球形，径约 1.5cm，3 裂。种子黑色，被白蜡。花期 4 ~ 7 月，果期 10 ~ 11 月。

【地理分布】分布于黄河流域以南各地，生于海拔 1000m 以下。华北南部至长江流域、珠江流域均普遍栽培。日本、越南、印度也有分布。

【繁殖方法】播种繁殖。

【园林应用】叶形秀丽，入秋变红，艳丽可爱，夏季满树黄花，冬季宿存之果开裂，种子外被白蜡，经冬不落，远看宛如满树白花。适于丛植、群植，也可孤植，最宜与山石、亭廊、花墙相配；在山地风景区适于大面积成林。

【相近种类】白乳木 *Sapium japonicum*（Sieb. et Zucc.）Pax et Hoffm.

叶底珠（一叶萩）

Flueggea suffruticosa (Pall.) Beill.　　一叶萩属

【识别要点】落叶灌木，高达 3m。叶互生，全缘，椭圆形、 全缘或有不整齐波状齿，叶柄短。花小，单性异株或同株，无花瓣；雄花簇生，雌花 1 或数朵聚生，生于叶腋；萼 5 深裂，雄蕊 5，子房 3 室，花柱 3，基部合生。蒴果三棱状扁球形，径约 5mm，红褐色，基部有宿萼。花期 6 ~ 7 月，果期 8 ~ 9 月。

【地理分布】产东北、华北、华东及陕西和四川等地，生于向阳山坡、路边、灌丛或石质山地，常形成群落。

【繁殖方法】播种、分株繁殖。

【园林应用】株型自然开展，可丛植观赏，也可用于群落营造。

黑钩叶（雀儿舌头）

*Leptopus chinensis (Bunge)*Pojark.　　黑钩叶属

【识别要点】落叶小灌木，高 1 ~ 3m。老枝褐紫色，幼枝绿色或浅褐色，被毛，后变无毛。单叶互生，卵形至披针形，长 1 ~ 5.5cm，宽 5 ~ 25mm，全缘；叶柄纤细，长 2 ~ 8mm。花小，单性同株，单生或数朵簇生于叶腋；萼片 5，基部合生，花瓣 5，白色。蒴果球形或扁球形，径 6mm，开裂为 3 个 2 裂的分果爿，无宿存中轴。花期 5 ~ 7 月，果期 7 ~ 9 月。

【地理分布】产吉林、辽宁、山东、河南、河北、山西、陕西、湖南、湖北、四川、云南、广西等地，海拔 500 ~ 1000m 的林缘、疏林、山坡、岩崖、路边等。

【繁殖方法】播种、分株繁殖。

【园林应用】常形成成片灌丛，遮盖裸露地效果明显，可用作地被植物，或作为群落的下层灌木，也可用于山地水土保持。

四十九、鼠李科 Rhamnaceae

营养器官检索表

1. 叶互生，3 ~ 5 出脉。
 2. 枝条有三种，长枝呈之字形弯曲，短枝（枣股）在 2 年以上长枝上互生，脱落性小枝（枣吊）为纤细的无芽小枝，似羽状复叶的叶轴，簇生于短枝顶端。
  3. 枝条不扭曲。
   4. 乔木，叶片较大，长圆状卵形至卵状披针形，稀卵形，长 3 ~ 6cm ……· 枣 *Ziziphus jujuba*
   4. 灌木，叶片较小，长 1.5 ~ 3.5cm …………………………………… 酸枣 *Ziziphus jujuba var. spinosa*
  3. 枝条扭曲，托叶刺少或无 ………………………………………… 龙爪枣 *Ziziphus jujuba 'Tortuosa'*
 2. 无短枝和脱落性小枝，托叶不变为针刺状，花序轴在结果时增大为肉质 ….. 枳椇 *Hovenia dulcis*
1. 枝叶均对生，或兼有互生，叶羽状脉，常有枝刺。
 5. 叶较小，长一般不及 5cm，下面无金黄色柔毛。
  6. 小枝、叶柄和叶两面疏生短柔毛，叶片椭圆形或近圆形 …………… 圆叶鼠李 *Rhamnus globosa*
  6. 小枝无毛，叶菱状倒卵形或菱状椭圆形，两面无毛或仅下面脉腋有柔毛 ……………………………………………………………………………… 小叶鼠李 *Rhamnus parvifolia*
 5. 叶较大，长 5 ~ 12cm，叶下面有金黄色短柔毛，干时变为金黄色 ………… 冻绿 *Rhamnus utilis*

枳椇（拐枣）

Hovenia dulcis Thunb. 枳椇属

【识别要点】落叶乔木；高达 25m；树皮灰黑色，深纵裂。小枝红褐色，无毛。叶互生，广卵形至卵状椭圆形，长 8 ~ 16cm，宽 5 ~ 12cm，有不整齐粗钝锯齿，先端短渐尖，基部近圆形，3 出脉。腋生或顶生聚伞花序，二歧分枝常不对称；花小，黄绿色，径 6 ~ 10mm；萼片、花瓣和雄蕊均 5 枚。果近球形，径 6 ~ 7mm，有 3 种子；果梗肥大肉质，经霜后味甜可食。花期 5 ~ 7月；果期 8 ~ 10月。

【地理分布】分布于华北南部、西北东部至长江流域各地，生于海拔 200 ~ 1400m 林中。日本和朝鲜也有分布。

【繁殖方法】播种繁殖，也可扦插或分蘖。

【园林应用】枝条开展，树冠呈卵圆形或倒卵形，树姿优美，叶大而荫浓，果梗奇特、可食，有“糖果树”之称，是优良的庭荫树、行道树和山地造林树种。

冻绿

Rhamnus utilis Decne.　　鼠李属

【识别要点】落叶灌木或小乔木，高 1 ~ 4m；小枝红褐色，互生，顶端有尖刺。叶互生或簇生于短枝顶端，或近对生，羽状脉。叶椭圆形或长椭圆形，稀倒披针状长椭圆形或倒披针形，长 5 ~ 12cm，宽 1.5 ~ 3.5cm，边缘有细锯齿，幼叶下面有黄色短柔毛。聚伞花序生枝顶和叶腋；花黄绿色，花萼、花瓣、雄蕊均 4 枚。核果近球形，黑色，具有 2 分核。花期 4 ~ 5 月，果期 9 ~ 10 月。

【地理分布】分布于河北、山西、河南、山东、陕西、甘肃至长江流域和西南，生于山地灌丛和疏林中；日本和朝鲜也产。

【繁殖方法】播种繁殖。

【园林应用】枝叶繁茂，园林中可栽培观赏，用作自然式树丛的外围以丰富绿化层次，也可丛植于草地、山坡、石间。果实和叶子可作绿色染料。

【相近种类】圆叶鼠李 *Rhamnus globosa* Bunge.

枣树

Ziziphus jujuba Mill. 枣属

【识别要点】落叶乔木，高 15m。枝条有三种，长枝呈之字形弯曲，红褐色，光滑，有细长针刺；短枝俗称枣股，在 2 年以上长枝上互生；脱落性小枝俗称枣吊，为纤细的无芽小枝，似羽状复叶的叶轴，簇生于短枝顶端，冬季与叶俱落。单叶互生，叶基 3 出脉，托叶常变为刺。叶长圆状卵形至卵状披针形，稀为卵形，长 2 ~ 6cm，先端钝尖，基部宽楔形，具细钝锯齿。聚伞花序腋生，花两性，黄色，5 数；子房上位，埋于花盘内，花柱 2 裂。核果卵形至长椭圆形，长 2 ~ 6cm，熟时深红色，核锐尖。花期 5 ~ 6 月；果期 9 ~ 10 月。

【变种品种】酸枣 var. *spinosa*（Bunge）Y. L. Chen，灌木，托叶刺一长一短，叶片和果实均小，果肉薄，果核两端钝。龙爪枣 ‘Tortuosa’，又名蟠龙枣；小枝及叶柄常蜷曲，无刺，生长缓慢，树体较矮小；果皮厚，果径 5mm，果梗较长，弯曲。葫芦枣 ‘Lageniformis’，果实中部以上缢缩，呈葫芦形。

【地理分布】原产我国，北自吉林，南至广东，东起沿海地区，西到新疆均产，生于海拔 500 ~ 1000m 以下平原或丘陵地。以河北、山东、山西、河南、陕西、浙江、安徽为主产区。

【繁殖方法】分蘖和嫁接繁殖，也可根插。

【园林应用】树冠宽阔，花朵虽小而香气清幽，结实满枝，青红相间，发芽晚，落叶早，自古以来就是重要的庭院树种。宜孤植，适植于建筑附近或水边，也可列植为园路树和行道树。

五十、 葡萄科 Vitaceae

营养器官检索表

1. 枝条髓心褐色，茎皮无皮孔，条状剥落。
 2. 叶片下面无毛或具疏柔毛，绝非绒毛。
  3. 叶基部弯缺较狭，叶卵圆形，3 ~ 5 裂，两面无毛或背面稍有短柔毛 ……… 葡萄 *Vitis vinifera*
  3. 叶基部弯缺较宽，幼枝和叶柄有蛛丝状绒毛，叶 3 ~ 5 浅裂或不分裂 山葡萄 *Vitis amurensis*
 2. 叶片下面被白色绒毛，叶片不分裂或有时 3 浅裂 ……………………………… 毛葡萄 *Vitis heyneana*
1. 枝条髓心白色，茎皮有皮孔。
 4. 卷须顶端扩大成吸盘；花盘无或不明显。
  5. 单叶，宽卵形，通常 3 浅裂，或有时分裂为 3 个小叶…… 爬山虎 *Parthenocissus tricuspidata*
  5. 掌状复叶，小叶 5 枚……………………………………………… 五叶地锦 *Parthenocissus quinquefolia*
 4. 茎有卷须，无吸盘；花盘明显。
  6. 单叶，不分裂或 3 ~ 5 裂，下面苍白色或淡绿色 ………… 葎叶蛇葡萄 *Ampelopsis humulifolia*
  6. 掌状复叶，小叶常 5，披针形或菱状披针形，又羽状深裂，下面沿脉有柔毛…乌头叶蛇葡萄 *Ampelopsis acoitifolia*

葡萄

Vitis vinifera L. 葡萄属

【识别要点】落叶藤本，茎长达 20m，以卷须攀援它物。卷须分叉，间歇性与叶对生。茎皮红褐色，老时条状剥落，髓心棕褐色。单叶互生，卵圆形，长 7 ~ 20cm，3 ~ 5 掌状浅裂，基部心形，有粗齿，两面无毛或背面稍有短柔毛；叶柄长 4 ~ 8cm。圆锥花序与叶对生；长 10 ~ 20cm；花黄绿色；花瓣顶端粘合，成帽状脱落。浆果圆形或椭圆形，成串下垂，绿色、紫红色或黄绿色，被白粉，内有种子 2 ~ 4 粒。花期 4 ~ 5 月，果期 8 ~ 9 月。

【地理分布】原产欧洲、西亚和北非。国内各地普遍栽培。

【繁殖方法】扦插、压条和嫁接繁殖。

【园林应用】著名攀援植物，适于援棚架及凉廊，可用于庭前、曲径、山头、入口、屋角、天井、窗前等各处，夏日绿叶蓊郁，秋日硕果累累。

【相近种类】毛葡萄 *Vitis heyneana* Roem. 山葡萄 *Vitis amurensis* Rupr.

葎叶蛇葡萄

Ampelopsis humilifolia Bunge

蛇葡萄属

【识别要点】落叶藤本，长达 10m，以卷须攀援它物。茎枝有皮孔，髓心白色。枝条红褐色，枝叶近无毛。单叶互生；叶卵圆形或肾状五角形，长宽约 7 ~ 12cm，3 ~ 5 中裂或近深裂，上面鲜绿色，有光泽，下面苍白色。聚伞花序与叶对生，疏散，有细长总梗；花淡黄绿色，花瓣分离。浆果球形，径 6 ~ 8mm，淡黄色或淡蓝色。花期 5 ~ 6 月；果期 8 ~ 10 月。

【地理分布】分布于东北南部、华北至陕西、甘肃、安徽等省，多生于海拔 1000m 以下山地灌丛和疏林下。

【繁殖方法】播种、压条或扦插繁殖。

【园林应用】生长迅速，可供攀附棚架、凉廊等，极富野趣。

乌头叶蛇葡萄

Ampelopsis aconitifolia Bunge

蛇葡萄属

【识别要点】落叶木质藤本。根外皮紫褐色，内皮淡粉红色，具粘性。茎具皮孔，髓白色，幼枝被黄绒毛。卷须与叶对生。掌状复叶互生，小叶常 5，披针形或菱状披针形，长 4 ~ 9cm，又羽状深裂，裂片有粗锯齿；无毛，或幼叶下面脉上稍有毛。聚伞花序与叶对生，总花柄较叶柄长；花小，黄绿色；花萼不分裂；花瓣 5；花盘边平截；雄蕊 5；子房 2 室，花柱细。果实近球形，径约 6mm，成熟时橙红至橙黄色。花期 4 ~ 6 月，果期 7 ~ 10 月。

【地理分布】分布内蒙古、陕西、甘肃、宁夏、河南、山东、河北、山西等地。多生于路边、山坡林下灌丛中及砂质地。

【繁殖方法】播种、扦插、压条繁殖。

【园林应用】是优美的小型棚架和绿亭材料。

五十、葡萄科

爬山虎

Parthenocissus tricuspidata (Sieb. et Zucc.)Planch. 爬山虎属

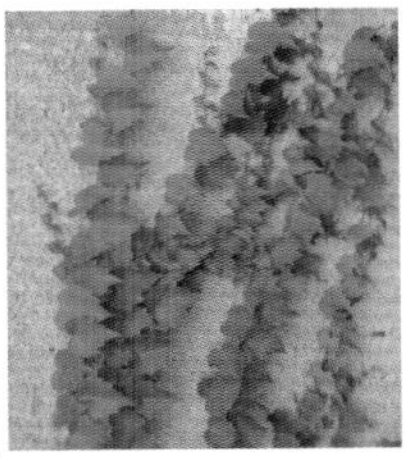

【识别要点】落叶藤本，卷须短而多分枝，顶端膨大成吸盘。茎有皮孔，髓白色。单叶互生，广卵形，长 8 ~ 18cm，通常 3 裂，基部心形，有粗锯齿，表面无毛，背面脉上有柔毛；下部枝的叶片有时分裂成 3 小叶；幼苗期的叶片较小，多不分裂。聚伞花序常生于短枝顶端，花淡黄绿色，5 数。果球形，径 6 ~ 8mm，蓝黑色，被白粉。花期 6 ~ 7 月，果期 9 ~ 10 月。

【地理分布】产我国和日本，在我国分布极为广泛，北自吉林，南到广东均产，常攀附于岩石、树干、灌丛中。园林中常栽培。

【繁殖方法】播种、扦插或压条繁殖。

【园林应用】枝繁叶茂，入秋叶片红艳，极为美丽，卷须先端特化成吸盘，攀援能力强。适于附壁式的造景方式，可广泛应用于建筑、墙面、石壁、混凝土壁面、栅栏、桥畔、假山、枯树的垂直绿化，还是优良的地面覆盖材料。

五叶地锦

Parthenocissus quinquefolia Planch. 爬山虎属

【识别要点】落叶藤本，幼枝常带紫红色。卷须 5 ~ 12 分枝，先端膨大成吸盘。掌状复叶互生，有长柄；小叶 5，质地较厚，卵状长椭圆形至长倒卵形，长 4 ~ 10cm，基部楔形，叶缘有粗大锯齿，表面暗绿色，背面有白粉及柔毛。聚伞花序集成圆锥状。浆果球形，径约 6mm，熟时蓝黑色，稍有白粉。花期 7 ~ 8 月；果期 10 月。

【地理分布】原产北美洲，我国北方常见栽培。

【繁殖方法】播种、扦插或压条繁殖。

【园林应用】生长迅速，耐阴性强，抗污染，春夏碧绿可人，入秋叶片红艳，是山石、立交桥、高架路的优良绿化材料，也用于墙面绿化。

五十一、省沽油科 Staphyleaceae

省沽油

Staphylea bumalda DC.

省沽油属

【识别要点】落叶灌木，高 3 ~ 5m；树皮暗紫红色。枝细长而开展，淡绿色，有皮孔。3 出复叶对生，小叶卵状椭圆形，长 5 ~ 8cm，缘有细齿，叶背青白色，脉上有毛，先端长尾尖；顶生小叶具长 5 ~ 10mm 的柄。圆锥花序顶生。花白色，有香气；萼片、花瓣、雄蕊均 5；蒴果呈膀胱状，膜质、肿胀，2 室，倒三角形，扁而先端 2 裂，种子圆形而扁，黄色而有光泽，有较大而明显的种脐。花期 4 ~ 6 月，果期 7 ~ 10 月。

【地理分布】产于东北、黄河流域及长江流域，多生于山谷、溪畔或杂木林中。朝鲜、日本也有分布。

【繁殖方法】播种、分株或压条繁殖。

【园林应用】枝条细长开展，树形自然，花秀美而芳香，果实奇特。可植于庭园观赏，适于岩石园、山石旁或林缘、路旁、角隅、池畔种植。

五十二、无患子科 Sapindaceae

营养器官检索表

1. 叶缘有粗锯齿或近全缘；1 ~ 2 回羽状复叶。
   2. 一回或不完全二回羽状复叶，小叶有不规则粗齿 ························ 栾树 *Koelreuteria paniculata*
   2. 二回羽状复叶，小叶全缘或有锯齿 ···································· 黄山栾树 *Koelreuteria integrifoliola*
1. 叶缘有尖锐锯齿；1 回羽状复叶；小叶 9 ~ 19 枚，狭椭圆形至披针形········ 文冠果 *Xanthoceras sorbifolia*

栾树

Koelreuteria paniculata Laxm.　　栾树属

【识别要点】落叶乔木，高达20m，树冠近球形。树皮灰褐色，细纵裂。无顶芽，侧芽芽鳞2枚。奇数羽状复叶互生，部分小叶深裂而为不完全2回；小叶卵形或卵状椭圆形，长3～8cm，有不规则粗齿，近基部常有深裂片，背面沿脉有毛。圆锥花序大型、顶生；花不整齐，黄色，径约1cm，中心紫色。蒴果，具膜质果皮，膨大如膀胱状，三角状卵形，长4～5cm，顶端尖，成熟时红褐色；种子球形，黑色。花期6～8月；果9～10月成熟。

【地理分布】分布于东亚，我国自东北南部、华北、长江流域至华南均产。

【繁殖方法】播种繁殖。也可分蘖繁殖或根插。

【园林应用】树形端正，枝叶茂密，夏季至初秋开花，满树金黄，秋季丹果盈树，非常美丽，是优良的花果兼赏树种。适宜作庭荫树、行道树和园景树，可植于草地、路旁、池畔。也可用作防护林、水土保持及荒山绿化树种。

黄山栾（全缘叶栾）

Koelreuteria integrifolia Merr.　　栾树属

【识别要点】落叶乔木，树冠广卵形。树皮暗灰色，片状剥落；小枝暗棕红色，密生皮孔。2回羽状复叶，各羽片有小叶7～11，长椭圆形或广楔形，全缘或偶有锯齿。花金黄色。蒴果椭球形，长4～5cm，顶端钝而有短尖，嫩时紫色，熟时红色。花期7～9月；果期10～11月。

【地理分布】分布于长江以南各地，耐寒性稍差，但黄河以南可露地生长。

【繁殖方法】播种繁殖。

【园林应用】枝叶茂密，冠大荫浓，初秋开花，金黄夺目，不久就有淡红色灯笼似的果实挂满树梢；黄花红果，交相辉映，十分美丽。宜作庭荫树、行道树及园景树栽植，也可用于居民区、工厂区及农村“四旁”绿化。

文冠果（文官果）

Xanthoceras sorbifolia Bunge　　文冠果属

【识别要点】落叶灌木或小乔木，高达7m。小枝粗壮，紫褐色。奇数羽状复叶互生；小叶9～19枚，对生或近对生，狭椭圆形至披针形，长3～5cm，有锐锯齿，先端尖。总状花序顶生，长15～25cm；花梗纤细，长约2cm；萼片5；花瓣5，白色，内侧有黄色变紫红的斑纹；花盘5裂，裂片背面各有一橙黄色角状附属物；雄蕊8；子房3室，每室7～8胚珠。蒴果椭球形，径4～6cm，果皮木质，室背3裂。种子球形，黑色，径1～1.5cm。花期4～5月；果期7～8月。

【地理分布】分布于东北南部、内蒙古至长江流域中下游，以内蒙古、陕西、甘肃一带较多，生长于海拔900～2000m的黄土高原、丘陵及山地石缝。常见栽培。

【繁殖方法】播种繁殖，也可根插育苗。

【园林应用】文冠果是华北地区重要的木本油料树种，而且花序硕大、花朵繁密，春天白花满树，也是优良的观花树种，可配植于草坪、路边、山坡，也用于荒山绿化。

五十三、 七叶树科 Hippocastanaceae

七叶树

Aesculus chinensis Bunge　　七叶树属

【识别要点】落叶乔木，高达 27m；树冠圆球形；小枝光滑，粗壮，髓心大；冬芽肥大。掌状复叶对生，小叶 5 ~ 7，长椭圆状披针形至矩圆形，长 8 ~ 16cm，具细锯齿，先端渐尖，基部楔形，仅背面脉上疏生柔毛；小叶柄长 5 ~ 17mm。圆锥花序直立，近圆柱形，长 20 ~ 25cm，花朵密集；花白色，花瓣 4，不等大，上面两瓣常有橘红色或黄色斑纹。蒴果近球形，径 3 ~ 4cm，黄褐色；种子深褐色，种脐大。花期 5 月；果期 9 ~ 10 月。

【地理分布】原产我国，秦岭有野生，自然分布于海拔 700m 以下山地，黄河至长江中下游各地常见栽培。

【繁殖方法】播种繁殖。也可嫩枝扦插或根插。

【园林应用】树干耸直，树冠开阔，姿态雄伟，叶片大而美，初夏白花满树，蔚然可观，是世界著名的观赏树木。最宜植为庭荫树和行道树，是世界四大行道树之一。

【相近种类】欧洲七叶树 *Aesculus hippocastanum* L. 日本七叶树 *Aesculus turbinate* Blume.

五十四、 槭树科 Aceraceae

营养器官检索表

1. 单叶，叶片分裂或不分裂。
  2. 叶不分裂或不明显羽状分裂。
    3. 叶全缘或疏生浅齿，薄革质，下面有白粉 ……………………………三角枫 *Acer buergerianum*
    3. 叶缘有锯齿，下面无白粉。
      4. 叶卵形，长 3 ~ 6cm，侧脉 10 对以下，常羽状 3 ~ 5 裂 ……………………茶条槭 *Acer ginnala*

4. 叶长圆状卵形，长 8 ~ 16cm，侧脉 11 ~ 12 对，叶缘有细锯齿 ··············· 青榨槭 *Acer davidii*

2. 叶明显掌状分裂，掌状脉 3 ~ 7（11）条出自叶片基部。

5. 叶 3 ~ 5 裂，稀部分叶 7 裂。

6. 叶多 5 裂，偶 7 裂，裂片全缘（萌生枝常有浅锯齿）或有锯齿。

7. 叶裂片全缘或萌生枝有浅锯齿。

8. 叶 5 ~ 7 裂，裂片长三角形；基部常截形，稀心形；果翅宽短······ 元宝枫 *Acer truncatum*

8. 叶常 5 裂，裂片宽三角形；基部常心形，有时截形；果翅较长 ·············· 五角枫 *Acer mono*

7. 叶常 5 浅裂，裂片有钝尖的重锯齿，下面脉腋有淡黄色毛丛 ······ 青楷槭 *Acer tegmentosum*

6. 叶 3 裂，树皮块状剥落；叶缘上部有疏浅锯齿或近全缘 ·············· 三角枫 *Acer buergerianum*

5. 叶 7 ~ 11 裂或更多。

9. 叶 7 ~ 9 裂，裂片长卵形或披针形 ·· 鸡爪槭 *Acer palmatum*

9. 叶 9 ~ 11（13）裂，裂片卵形或卵状椭圆形，具锯齿 ································· 日本槭 *Acer japonica*

1. 羽状复叶。

10. 小叶 3 ~ 7；小枝有白粉 ··复叶槭 *Acer negundo*

10. 小叶 7 ~ 11；小枝无白粉 ··· 金钱槭 *Dipteronia sinensis*

元宝枫（华北五角枫）

Acer truncatum Bunge　　　　槭树属

【识别要点】落叶乔木，高达 12m；树冠伞形或近球形。单叶对生，叶片宽矩圆形，长 5 ~ 10cm，宽 6 ~ 15cm，掌状 5 ~ 7 裂，深达叶片中部；裂片三角形，全缘，掌状脉 5 条出自基部，叶基常截形。伞房花序顶生；花杂性，5 数，雄蕊 8。萼片黄绿色，花瓣黄白色。双翅果，由 2 个一端具翅的小坚果构成，成熟时淡黄色或带褐色，连翅在内长 2.5cm，果柄长 2cm，两果翅开张成直角或钝角，翅长等于或略长于果核。花期 4 ~ 5 月；果 8 ~ 10 月成熟。

【地理分布】产黄河中下游各省，多生于海拔 1000m 以下的低山丘陵和平地。

【繁殖方法】播种繁殖。

【园林应用】绿荫浓密，叶形秀丽，秋叶红黄，是著名的秋色叶树种，可广泛用作行道树、庭荫树，也可配植于水边、草地和建筑附近。

【相近种类】五角枫（色木）*Acer mono* Maxim.

茶条槭

Acer ginnala Maxim. 槭树属

【识别要点】落叶灌木或小乔木，一般高约 2m，偶可高达 10m。叶卵状椭圆形，常 3 裂，中裂片较大，有时不裂或羽状 5 浅裂，基部圆形或近心形，缘有不整齐重锯齿，表面无毛，背面脉上及脉腋有长柔毛。花杂性，伞房花序圆锥状，顶生。果核两面突起，果翅张开成锐角或近于平行，紫红色。花期 5 ~ 6 月；果期 9 月。

【地理分布】分布于东北、华北及长江下游各省。

【繁殖方法】播种或分株繁殖。

【园林应用】秋叶红艳，株型自然，是良好的庭园观赏树种，孤植、列植、丛植、群植均可，也可植为绿篱。

鸡爪槭

Acer palmatum Thunb. 槭树属

【识别要点】落叶小乔木，高 5 ~ 8m；树冠伞形，枝条开张，细弱。单叶，掌状 7 ~ 9 深裂，裂深常为全叶片的 1/2 ~ 1/3，基部心形，裂片卵状长椭圆形至披针形，先端尖，有细锐重锯齿，背面脉腋有白簇毛。伞房花序，花径约 6 ~ 8mm，萼片暗红色，花瓣紫色。果长 1 ~ 2.5cm，两翅开展成钝角。花期 5 月；果期 9 ~ 10 月。

【品　　种】红枫 'Atropurpureum'，叶片常年红色或紫红色，枝条紫红色。羽毛枫 'Dissectum'，叶片掌状深裂几达基部，裂片狭长，又羽状细裂，树体较小。红羽毛枫 'Dissectum Ornatum'，与羽毛枫相似，但叶常年红色。

【地理分布】产东亚，我国分布于长江流域各省，多生于海拔 1200m 以下山地。园林中广泛栽培。

【繁殖方法】播种繁殖，各园艺品种常采用嫁接繁殖。

【园林应用】鸡爪槭姿态潇洒、婆娑宜人，叶形秀丽、秋叶红艳，是著名的庭园观赏树种。非常适于小型庭园的造景，多孤植、丛植于庭前、草地、水边、山石和亭廊之侧，也可植于常绿针叶树、阔叶树或竹丛之前侧，经秋叶红，枝叶扶疏，满树如染。

【相近种类】日本槭 *Acer japonicum* Thunb.

三角枫

Acer buergerianum Miq.

槭树属

【识别要点】落叶乔木，高达20m。树皮呈条片状剥落，黄褐色而光滑的内皮暴露在外。叶卵形至倒卵形，近革质，背面有白粉，3裂，裂深为全叶片的1/4～1/3，裂片三角形，全缘或仅在近先端有细疏锯齿。双翅果，长2～2.5cm，果核部分两面凸起，两果翅开张成锐角。

【地理分布】分布于长江中下游各省至华南。日本也有分布。

【繁殖方法】播种繁殖。

【园林应用】树冠较狭窄，多呈卵形，是优良的行道树，也适于庭园绿化，可点缀于亭廊、草地、山石间。老桩奇特古雅，是著名的盆景材料。

青楷槭

Acer tegmentosum Maxim.

槭树属

【识别要点】落叶乔木，高10～15m。树皮灰色，平滑。小枝无毛，当年生枝紫色或绿紫色，多年生枝黄绿色或灰褐色。单叶互生，近圆形或卵形，常5浅裂，主脉5条由基部生出；裂片三角形。叶片长10～12cm，宽7～9cm，有钝尖的重锯齿，下面淡绿色，脉腋有淡黄色毛丛。总状花序，花黄绿色，杂性。翅果开展成钝角或近于水平，小坚果连同翅长2.5～3 cm。花期4月，果期9月。

【地理分布】产黑龙江、吉林、辽宁等省，朝鲜北部、俄罗斯远东地区也有分布，生于针阔混交林或杂木林内、林缘。

【繁殖方法】播种繁殖。

【园林应用】树形优美，花色素雅，园林中适于孤植、丛植，也可营造风景林。

五十四、 槭树科

青榨槭

Acer davidii Franch.　　　　槭树属

【识别要点】落叶乔木，高 10 ～ 15m。树皮常绿色，或灰褐色，常纵裂成蛇皮状。当年生嫩枝紫绿色或绿褐色，多年生枝黄褐色。冬芽长卵形，长 4 ～ 8 cm。单叶对生，长圆状卵形或长圆形，长 6 ～ 14 cm，宽 4 ～ 9cm，先端尾状尖，基部心形或圆形，边缘有不整齐钝锯齿，下面嫩时沿叶脉被紫褐色短柔毛；羽状脉，侧脉 11 ～ 12 对；叶柄长 2 ～ 8 cm。总状花序顶生，下垂，雄花序长 4 ～ 7 cm，有花 9 ～ 12 朵；两性花序长 7 ～ 12 cm，有花 10 ～ 30 朵。花黄绿色。翅果黄褐色，开展呈钝角或几成水平，小坚果连同翅长 2.5 ～ 3 cm，花期 4 月，果期 9 月。

【地理分布】分布于华北、华东、中南、西南各省区，常生于海拔 500m 以上疏林中。

【繁殖方法】播种、分株或根段埋根育苗。

【园林应用】树形自然开张，枝繁叶茂，树皮奇特，具有很高观赏价值，适于丛植观赏。

复叶槭

Acer negundo L.　　　　槭树属

【识别要点】落叶乔木，高达 20m。小枝光滑，绿色，有白粉，无毛。奇数羽状复叶，小叶 3 ～ 7，卵形至长椭圆状披针形，叶缘有不规则缺刻，顶生小叶有 3 浅裂。花单性异株，无花瓣，雄花序伞房状，雌花序总状。果翅狭长，两翅成锐角。花期 4 ～ 5 月；果期 8 ～ 9 月。

【品　　种】金叶复叶槭 ‘Auratum’，叶片春季金黄色，后渐变为黄绿色。花叶复叶槭 ‘Variegatum’，绿色叶片中具有粉红色和乳白或乳黄色的斑块，十分美丽。

【地理分布】原产北美，华东、东北、华北有引种栽培，在东北、华北生长较好，长江下游生长不良。

【繁殖方法】播种、扦插均可。

【园林应用】树冠宽阔，可作庭荫树、行道树。

金钱槭

Dipteronia sinensis Oliv.　　金钱槭属

【识别要点】落叶乔木，高达16m。小枝无毛。奇数羽状复叶，小叶7～11，长圆状卵形或长圆状披针形，长6～10cm，顶端锐尖或长锐尖，基部圆形或宽楔形，粗锯齿，无毛或仅叶背脉腋有簇毛。花杂性同株，圆锥花序直立，顶生或腋生；萼片、花瓣5，雄蕊8。翅果，径2～3.3cm，果核周围具圆形翅，小坚果径约5～6mm，熟时黄色，中心有1粒圆形种子。花期4月，果期9月。

【地理分布】产华北南部、西北南部、华中、西南等地；散生于海拔1000～2000m的林缘或疏林中。

【繁殖方法】播种繁殖。

【园林应用】中国珍稀树种，已列为国家保护树种。枝叶美丽，果实奇特，果序犹如一串金钱，是别具情趣的观赏树种。

五十五、漆树科 Anacardiaceae

营养器官检索表

1. 羽状复叶。
  2. 小叶全缘，基部偏斜。
    3. 无乳汁；小叶10～14，长5～8cm，基部偏斜；枝叶有特殊气味··黄连木 *Pistacia chinensis*
    3. 有乳汁；小叶7～15，长7～15cm，两面沿脉有棕色短毛。小枝粗壮，被棕黄色绒毛··漆树 *Rhus verniciflua*
  2. 小叶有锯齿。
    4. 叶轴有狭翅，小叶7～13，卵状椭圆形，有粗钝锯齿························盐肤木 *Rhus chinensis*
    4. 叶轴无翅，小叶19～23，长椭圆状披针形，有锐锯齿··························火炬树 *Rhus typhina*
1. 单叶，全缘；果序上有多数不育花之伸长花梗被长柔毛。
  5. 叶卵圆形或倒卵形，两面有灰色短柔毛，下面尤明显·······黄栌 *Cotinus coggygria* var. *cinerea*
  5. 叶阔椭圆形至近圆形，下面沿脉及叶柄疏被柔毛········毛黄栌 *Cotinus coggygria* var. *pubescens*

黄连木（楷木）

Pistacia chinensis Bunge

黄连木属

【识别要点】落叶乔木，高达 30m；树冠近圆球形；树皮薄片状剥落。枝叶有特殊气味。偶数羽状复叶互生，小叶 10 ~ 14，对生，全缘；披针形或卵状披针形，长 5 ~ 8cm，宽 1 ~ 2cm，先端渐尖，基部偏斜。花单性异株，圆锥花序腋生，无花瓣；雄花序淡绿色，长 5 ~ 8cm，花密生；雌花序紫红色，长 15 ~ 20cm，疏松。核果近球形，熟时红色至蓝紫色。花期 3 ~ 4 月；果期 9 ~ 11 月。

【地理分布】分布广泛，北自河北、山东，南达华南、西南均有野生和栽培，以河北、河南、山西、陕西等地最多，散生于低山、丘陵及平原。

【繁殖方法】播种繁殖。

【园林应用】树冠近球形或团扇形，叶片秀丽，春叶及花序紫红，秋叶鲜红或橙黄，是著名的风景树，常用作山地风景林、公园秋景林的造林树种，也可孤植或作行道树用。

黄栌（红叶）

Cotinus coggygria Scop. var. cinerea Engl. 黄栌属

【识别要点】小乔木或大灌木，高4～10m；树冠近圆形。叶互生，卵圆形或倒卵形，长宽近相等，各3～8cm，全缘，先端圆形或微凹，基部圆形或宽楔形，两面有灰色短柔毛，下面尤明显。圆锥花序顶生，被柔毛；花杂性，黄绿色；子房近球形，花柱3，不等长。核果扁肾形，长约4mm；不孕花的花梗在花后伸长，密被紫色羽状毛，远观如紫烟缭绕。花期4～5月；果6～7月成熟。

【变种品种】毛黄栌 *Cotinus coggygria* Scop. var. *pubescens Engl.*，与黄栌主要区别为，叶多为宽椭圆形，稀圆形，叶背面、尤其沿脉上和叶柄上密被柔毛，花序无毛或近无毛。紫叶黄栌'Purpureus'，叶紫色。

【地理分布】分布于我国中部和北部，多生于海拔700～1600m的向阳山坡。普遍栽培。

【繁殖方法】播种繁殖。此外，还可分株、根插。

【园林应用】树冠浑圆，秋叶红艳，鲜艳夺目，是我国北方最著名的秋色叶树种，夏初不育花的花梗伸长成羽毛状，簇生于枝梢，犹如万缕罗纱缭绕于林间。适于群植成林，庭园中可孤植、丛植于草坪一隅，山石之侧；也可混植于其他树丛间。

盐肤木（五倍子树）

Rhus chinensis Mill.　　　盐肤木属

【识别要点】落叶小乔木，高 8 ~ 10m。枝开展，树冠圆球形。小枝有毛，柄下芽，冬芽被叶痕所包围。奇数羽状复叶互生，叶轴有狭翅；小叶 7 ~ 13，卵状椭圆形，有粗钝锯齿，背面密被灰褐色柔毛，近无柄。圆锥花序顶生，密生柔毛；花小，5 数，花瓣乳白色；花柱 3。核果扁球形，橘红色，密被毛。花期 7 ~ 8 月；果 10 ~ 11 月成熟。

【地理分布】广布树种，分布于东北南部、华北、甘肃、陕西、华东至华南、西南，生于海拔 170 ~ 2700m 阳坡、丘陵、河谷疏林或灌丛中。日本、朝鲜、中南半岛、印度、马来西亚及印度尼西亚亦有分布。

【繁殖方法】播种、分株、扦插繁殖。

【园林应用】秋叶鲜红，果实橘红色，颇为美观。可植于园林绿地栽培观赏或用于点缀山林。

火炬树

Rhus typhina L.　　　盐肤木属

【识别要点】落叶灌木或小乔木，高 4 ~ 8m，树形不整齐。小枝粗壮，红褐色，密生绒毛。羽状复叶互生，叶轴无翅。小叶 19 ~ 23，长椭圆状披针形，长 5 ~ 12cm，先端长渐尖，有锐锯齿。雌雄异株，圆锥花序长 10 ~ 20cm，直立，密生绒毛；花白色。核果深红色，密被毛，密集成火炬形。花期 6 ~ 7 月；果期 9 ~ 10 月。

【地理分布】原产北美，现欧洲、亚洲及大洋洲许多国家都有栽培。我国 1959 年引入，华北、西北常见栽培。

【繁殖方法】播种繁殖，也可分蘖或埋根育苗。

【园林应用】秋叶红艳，果序红色而且形似火炬，冬季在树上宿存，颇为奇特。可于园林中丛植以赏红叶和红果，以增添野趣。也用于干旱瘠薄山区造林绿化。

漆树

Rhus verniciflua Stokes　　盐肤木属

【识别要点】落叶乔木，高达 15m，幼树树皮光滑，灰白色。小枝粗壮，被棕黄色绒毛，后渐无毛。复叶长 25 ~ 35cm，小叶 7 ~ 15，卵形至卵状披针形，小叶长 7 ~ 15cm，宽 3 ~ 7cm，侧脉 8 ~ 16 对，全缘，两面沿脉有棕色短毛。腋生圆锥花序疏散下垂，长 15 ~ 30cm；花小，黄绿色。果序下垂；核果扁肾形，无毛，淡黄色，有光泽，径约 6 ~ 8mm。花期 5 ~ 6 月；果期 10 月。

【地理分布】除黑龙江、内蒙古、吉林、新疆等外，其余各地均产，生于海拔 600 ~ 2800m 阳坡、林中。印度、朝鲜和日本亦产。

【繁殖方法】播种繁殖。

【园林应用】漆树是我国著名的特用经济树种。叶片经霜红艳可爱，果实黄色，可用于山地风景区营造秋色林。

五十六、苦木科 Simaroubaceae

营养器官检索表

1. 鳞芽，叶全缘或近基部常有 1 ~ 4 对腺齿；翅果……………………………… 臭椿 *Ailanthus altissima*

1. 裸芽，叶缘全部有锯齿，小叶 5 ~ 15 枚，卵形至长椭圆状卵形；核果……………… 苦木 *Picrasma quassioides*

五十六、 苦木科

臭椿（樗）

Ailanthus altissima (Mill.)Swingle 臭椿属

【识别要点】落叶乔木，高达30m。树冠开阔；树皮灰色，不裂。小枝粗壮，黄褐色或红褐色；无顶芽。奇数羽状复叶互生，小叶13～25，卵状披针形，长7～15cm，宽2～5cm，先端长渐尖，基部具腺齿1～2对，中上部全缘，下面稍有白粉。顶生圆锥花序，花淡黄色或黄白色。花萼、花瓣各5；雄蕊10；花盘10裂；子房2～6深裂。翅果扁平，长3～5cm。花期5～6月，果期9～10月。

【品　　种】红叶椿'Hongyechun'，叶春季紫红色，可保持到6月上旬；树冠及分枝角度均较小；结实量大。千头椿'Qiantouchun'，无明显主干，基部分出数个大枝，树冠伞形；小叶基部的腺齿不明显；多为雄株。

【地理分布】分布于东北南部、黄河中下游地区至长江流域、西南、华南各地；朝鲜和日本也产。

【繁殖方法】播种繁殖，也可分株、插根。

【园林应用】树体高大，树冠圆整，冠大荫浓，春叶紫红，夏秋红果满树，是一种优良的观赏树种，可用作庭荫树及行道树，尤适于盐碱地区、工矿区应用，可孤植于草坪、水边。千头椿树形优美，最适于孤植于草地作风景树。

苦木

Picrasma quassioides (D. Don)Benn. 苦木属

【识别要点】落叶乔木，高达10m。树皮灰棕或近黑色，极苦。裸芽。枝条红褐色，皮孔明显。奇数羽状复叶互生，小叶7～15，长卵形至卵状披针形，长4～10cm，宽2～4cm，顶端渐尖，基部偏斜，叶缘具不整齐钝锯齿，背面沿中脉有柔毛。花小，黄绿色，由聚伞花序再组成圆锥花序，离心皮2～5。果由1～5个肉质或革质的小核果组成，有宿萼；小核果近球形，径0.6～0.7cm，成熟时蓝绿色至黑色，有宿存的花萼。花期5～6月，果期9～10月。

【地理分布】产辽宁、河北、山东、河南、陕西、江苏、江西、湖南、湖北、四川等各地海拔300～1400m山坡疏林中。朝鲜、不丹、尼泊尔、印度等国亦产。

【繁殖方法】播种繁殖，也可分根繁殖。

【园林应用】秋叶变红或橙黄色，可供观赏。树皮入药。

五十七、楝科 Meliaceae

营养器官检索表

1. 二至三回奇数羽状复叶；小叶有锯齿或浅裂状；核果 ………………………… 苦楝 Melia azedarach
1. 一回羽状复叶，小叶全缘或有不明显钝锯齿；蒴果 ………………………………… 香椿 Toona sinensis

苦楝（楝树）

Melia azedarach L.　　　　楝属

【识别要点】落叶乔木，高达 10 ~ 15m；树冠广卵形，近于平顶。幼树皮平滑，皮孔多而明显，老时浅纵裂。枝条粗壮、开展。嫩枝绿色，被星状柔毛，皮孔明显。二至三回羽状复叶，互生，长 20 ~ 40cm；小叶卵形、卵状椭圆形，长 3 ~ 5cm，宽 2 ~ 3cm，先端渐尖，叶缘有钝锯齿。圆锥花序腋生，长 20 ~ 30cm；花淡紫色，芳香；萼 5 ~ 6 裂；花瓣 5 ~ 6，离生；雄蕊 10 ~ 12，花丝连合成筒状，顶端有 10 ~ 12 齿裂。核果球形，熟时黄色，直径约 1 ~ 1.5cm，冬季宿存树上。花期 4 ~ 5 月，果期 10 ~ 11 月。

【地理分布】分布很广，黄河流域以南、长江流域各地及台湾、福建、广东、广西等地都有生长，多生于低山或丘陵平原地区。

【繁殖方法】播种繁殖，也可插根、分蘖育苗。

【园林应用】树形优美，叶形舒展，初夏紫花芳香，淡雅秀丽，“小雨轻风落楝花，细红如雪点平沙”；秋季黄果经冬不凋，是优良的公路树、街道树和庭荫树。适于在草坪孤植、丛植，或配植于池边、路旁、坡地。苦楝甚抗污染，极适于工厂、矿区绿化。

五十七、 楝科

香椿

Toona sinensis (A. Juss)Roem　　香椿属

【识别要点】落叶乔木，高达 25m。树皮暗褐色，长条片状浅纵裂。小枝粗壮，被白粉；叶痕大。羽状复叶常为偶数，互生，长 30 ~ 50cm；小叶 10 ~ 20，长椭圆形至广披针形，长 8 ~ 15cm，宽 3 ~ 4cm，先端长渐尖，基部不对称，全缘或有不明显钝锯齿。圆锥花序，长达 35cm，下垂；花芳香；花白色，5 基数，花丝分离，子房 5 室，每室胚珠 8 ~ 12。蒴果椭圆形，长 1.5 ~ 2.5cm，5 裂；种子上端具翅。花期 5 ~ 6 月；果期 10 ~ 11 月。

【地理分布】分布于我国中部和南部，东北自辽宁南部，西至甘肃，北至内蒙古南部，南到广东、广西，西南至云南均有栽培，尤以山东、河南、河北最多。

【繁殖方法】播种、分蘖或埋根繁殖，以播种最为常用。

【园林应用】我国特产树种，因其嫩芽幼叶可食，常植于庭院。树干耸直，树冠宽大，枝叶茂密，嫩叶红色，是良好的庭荫树和行道树，适于庭前、草坪、路旁、水畔种植。

五十八、 芸香科 Rutaceae

营养器官检索表

1. 奇数羽状复叶，无刺或有皮刺。

  2. 复叶互生，枝有皮刺；小叶对生；蓇葖果。

    3. 落叶性，叶轴之翅窄而不明显，小叶 5 ~ 9，卵圆形或卵状椭圆形 …………………………………………花椒 *Zanthoxylum bungeanum*

    3. 半常绿，叶轴之翅宽而明显，小叶 3 ~ 7，披针形 ………………… 竹叶椒 *Zanthoxylum armata*

  2. 复叶对生，枝无刺；叶柄下芽；树皮木栓层发达，内皮鲜黄色 · 黄檗 *Phellodendron amurense*

1. 三出复叶，叶轴有翅；枝绿色，枝刺粗长而略扁；柑果密被短柔毛…… 枸橘 *Poncirus trifoliata*

花椒

Zanthoxylum bungeanum Maxim.

花椒属

【识别要点】落叶灌木或小乔木，高 3 ~ 5m。茎干常有增大的皮刺和瘤状突起，枝条上具扁平皮刺。奇数羽状复叶互生，小叶 5 ~ 9，卵形至卵状椭圆形，长 1.5 ~ 5cm，两面多少有皮刺，先端尖，叶缘有细钝锯齿，齿缝有大的透明油腺点；叶轴具窄翅。聚伞状圆锥花序顶生；花单性、单被，花萼、雄蕊 4 ~ 8 枚；心皮 4 ~ 6，子房无柄。聚合蓇葖果球形，成熟时红色或紫红色，外果皮革质，密被疣状油腺点油腺点。花期 3 ~ 5 月，果期 7 ~ 10 月。

【地理分布】广布，除东北和新疆外，在辽宁南部以南全国各地广泛栽培，其中以陕西、河北、四川、河南、山东、贵州、山西为主产区。

【繁殖方法】播种、分株或扦插繁殖，以播种繁殖常用。

【园林应用】枝叶密生，全株有香气，入秋红果满树，鲜艳夺目，秋叶亦红，颇为美观。可孤植、丛植于庭院、山石之侧观果。也可植为绿篱。果是香料，可结合生产进行栽培。

【相近种类】竹叶椒 *Zanthoxylum armatum* DC.

黄檗

Phellodendron amurense Rupr.

黄檗属

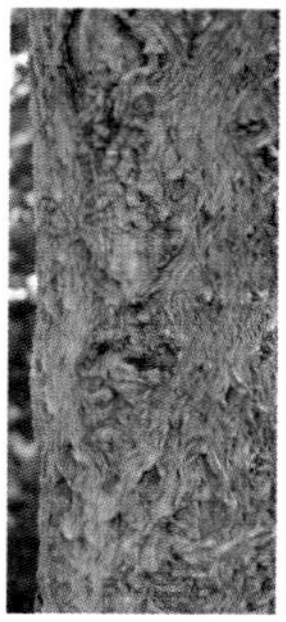

【识别要点】落叶乔木，高达 30m；树冠开阔呈广圆形。树皮灰褐色，不规则网状开裂；木栓层发达，内皮鲜黄色。枝条粗壮，小枝橙黄色或黄褐色。奇数羽状复叶对生，小叶 5 ~ 13 片，对生，卵状椭圆形至卵状披针形，长 5 ~ 12cm，宽 3.5 ~ 4.5cm，先端长渐尖，叶缘有细锯齿，齿间有透明油点。花单性异株，圆锥或伞房花序顶生；花黄绿色。浆果状核果，径约 1cm，成熟时蓝黑色。花期 5 ~ 6 月；果期 10 月。

【地理分布】产东亚，我国主要分布于东北和华北北部。

【繁殖方法】播种繁殖。也可分株繁殖。

【园林应用】树形浑圆，花朵黄色，可谓“簌簌碎金英，丝丝缕玉茎”，秋叶金黄色，是重要的秋色叶树种。可作庭荫树和园景树，适于孤植、丛植于草坪、山坡、池畔、水滨、建筑周围，在大型公园中可用作行道树，北美园林中早有应用；在山地风景区，黄檗可大面积栽培形成风景林。

五十八、 芸香科

枸橘（枳）

Poncirus trifoliata(L.)Raf. 枸橘属

【识别要点】落叶灌木或小乔木，高达 7m。枝绿色，扁而有棱角；枝刺粗长而略扁。三出复叶，叶轴有翅；小叶无柄，叶缘有波状浅齿；顶生小叶大，倒卵形，长 1.5 ~ 5cm，宽 1 ~ 3cm，叶基楔形；侧生小叶较小，基稍歪斜。花单生或 2 ~ 3 朵簇生；两性，白色，径 3.5 ~ 5cm；萼片、花瓣各 5；雄蕊约 20；雌蕊绿色，有毛，子房 6 ~ 8 室。柑果球形，径 3 ~ 5cm，密被短柔毛，黄绿色。花期 4 月，果期 10 月。

【地理分布】产长江中游各地，现山东、河北、河南、山西、陕西至长江流域、西南各地广泛栽培。

【繁殖方法】播种或扦插繁殖。

【园林应用】枝叶密生，枝条绿色而多棘刺，春季白花满树，秋季黄果累累，经冬不凋，十分美丽。常栽作刺篱，以供防范之用，也可作花灌木观赏，植于大型山石旁。

五十九、 蒺藜科 Zygophyllaceae

白刺

Nitraria sibirica Pall. 白刺属

【识别要点】小灌木，高 0.5 ~ 1m。多分枝，枝灰白色，顶端具刺。叶肉质，在嫩枝上多为 4 ~ 8 簇生，倒卵状匙形，长 0.6 ~ 1.5cm，宽 2 ~ 5mm，全缘，顶端圆钝，具小突尖，基部窄楔形，无柄；托叶细小、锥尖。花小，白色，排成顶生、疏散的蝎尾状聚伞花序；萼片 5，肉质；花瓣 5。浆果状核果，近球形或椭圆形，两端钝圆，长 6 ~ 8mm，熟时暗红色；果核卵形，先端尖，长约 4 ~ 5mm。花期 5 ~ 6 月，果期 7 ~ 8 月。

【地理分布】产西北、华北和东北，生于轻度盐渍化低地、湖盆边缘、干河床边，可成为优势种并形成群落。蒙古、俄罗斯也有分布。

【繁殖方法】播种或扦插、压条繁殖。

【园林应用】北方盐碱和荒漠地区重要的固沙植物，可用于改良盐碱地和防风固沙。

六十、 五加科 Araliaceae

营养器官检索表

1. 落叶乔木，树干和枝具宽扁皮刺；单叶，叶在长枝上互生，短枝上簇生，近圆形，掌状 5 ~ 7 裂，裂片有细齿……………………………………………………………… 刺楸 *Kalopanax septemlobus*
1. 藤本或灌木。
  2. 常绿藤本，借气生根攀援，无刺；单叶。
    3. 营养枝上的叶常 3 ~ 5 裂，花果枝上叶卵状菱形；叶柄有毛………………… 常春藤 *Hedera helix*
    3. 营养枝上的叶常 5 裂，花果枝上的叶菱形、菱状卵形或菱状披针形；叶柄几无毛‥菱叶常春藤 *Hedera rhombea*
  2. 落叶灌木，常有皮刺，掌状复叶。
    4. 小枝细弱下垂呈蔓生状，小叶 5，两面多少有毛；花梗长 6 ~ 10mm……五加 *Acanthopanax gracilistylus*
    4. 小枝不为蔓生状，小叶 3 ~ 5，上面无毛；花梗极短…… 无梗五加 *Acanthopanax sessiliflorus*

刺楸

Kalopanax septemlobus (Thunb.)Koidz. 刺楸属

【识别要点】落叶乔木，高达 30m。树皮灰黑色，纵裂。树干及大枝具鼓钉状刺。小枝粗壮，淡黄棕色，具扁皮刺。单叶，在长枝上互生，短枝上簇生；叶近圆形，径 9 ~ 25cm，掌状 5 ~ 7 裂，基部心形或圆形，裂片三角状卵形，缘有细齿；叶柄长于叶片。花两性，复伞形花序集生枝顶形成阔大的圆锥花序状，顶生，花小，白色。核果熟时黑色，近球形，径约 4 ~ 5mm，花柱宿存。花期 7 ~ 8 月；果期 9 ~ 10 月。

【地理分布】我国广布，自东北至长江流域、华南、西南均有分布，多生于山地疏林中。日本、朝鲜也有分布。

【繁殖方法】播种或根插繁殖。

【园林应用】树形宽广如伞，枝干扶疏而常生粗大皮刺，叶片大型，颇富野趣，适于风景区成片种植，也是优良的庭荫树。

常春藤

Hedera helix L. 常春藤属

【识别要点】常绿攀援灌木；具气生根。幼枝上有星状毛。单叶互生，营养枝上的叶 3 ~ 5 浅裂；花果枝上叶片不裂而为卵状菱形。伞形花序，具细长总梗，各部有灰白色星状毛；花两性，5 数，花冠白色；子房下位，5 室，花柱合生。浆果状核果，球形，径约 6mm，熟时黑色。

【地理分布】原产欧洲至高加索，国内黄河流域以南普遍栽培，耐寒品种可在北京越冬。

【繁殖方法】扦插繁殖，也可压条。

【园林应用】四季常绿，生长迅速，攀援能力强，在园林中可用于岩石、假山或墙壁的垂直绿化，因其耐荫性强，可用于庇荫的环境，也可作林下地被。

【相近种类】菱叶常春藤 *Hedera rhombea*（Miq.）Bean.

五加

Acanthopanax gracilistylus W. W. Smith 五加属

【识别要点】落叶灌木，高达 3m，有时蔓生状。小枝细长，下垂，节上疏被扁钩刺；具长短枝。掌状复叶在长枝上互生，在短枝上簇生；小叶 5（3 ~ 4），倒卵形或倒披针形，长 3 ~ 6cm，宽 1.5 ~ 3.5cm，背面脉腋被淡黄色或棕色簇生毛，锯齿细钝；侧脉 4 ~ 5 对，网脉不明显；小叶近无柄。伞形花序单生或 2 ~ 3 簇生，花梗细，长 0.6 ~ 1cm；花黄绿色，5 数，萼无毛；子房 2 室，花柱细长，长 0.6 ~ 1cm，分离或基部合生。果扁球形，径约 6mm，熟时紫黑色。花期 4 ~ 7 月，果期 9 ~ 10 月。

【地理分布】分布于甘肃南部，山西南部、西南至四川中部、云南北部、南部，东至江苏、浙江，南至东南沿海；常见于林内、灌丛中、林缘或路旁。

【繁殖方法】播种、扦插、分株繁殖。

【园林应用】株丛自然，枝叶茂密，秋季紫果满树，园林中可于草坪、坡地、山石间丛植观赏，也可用于群落营造，作为疏林的下层灌木。

【相近种类】无梗五加 *Acanthopanax sessiliflorus*（Rupr. et Maxim.）Seem.

六十一、杜鹃花科 Ericaceae

营养器官检索表

1. 直立灌木，无匍匐根状茎，高 50 cm 以上。
  2. 叶椭圆形、长椭圆状披针形至倒披针形，枝叶有圆形白色腺鳞。
    3. 常绿或半常绿，叶厚革质，长 2.5 ~ 4.5cm，边缘略反卷；总状花序，花乳白色………照山白 *Rhododendron micranthum*
    3. 落叶灌木，叶质较薄，长 3 ~ 8cm；花 2 ~ 5 朵簇生，淡红紫色 ····迎红杜鹃 *Rhododendron mucronulatum*
  2. 枝近于轮生，叶倒卵形或阔倒卵形……………………… 大字杜鹃 *Rhododendron schlippenbabachii*
1. 矮小灌木，高不及 50cm，茎横卧或有匍匐根状茎。
  4. 有匍匐根状茎，地上茎纤细；叶椭圆或倒卵形，长 0.7 ~ 2cm，宽 4 ~ 8mm ··越橘 *Vaccinium vitis-idaea*
  4. 茎横卧，侧枝斜升，粗壮；叶倒披针形至倒卵状长圆形，长 2.5-8 cm，宽 1-3.5 cm···牛皮杜鹃 *Rhododendron aureum*

迎红杜鹃（蓝荆子）

Rhododendron mucronulatum Turcz. 杜鹃花属

【识别要点】落叶灌木，高达 2m 。小枝、叶、花梗、萼片、子房、蒴果均被腺鳞。单叶互生，常集生枝顶，全缘。叶片较薄，长椭圆状披针形至椭圆形，长 3 ~ 8cm。伞形总状花序顶生，具花 2 ~ 5 朵；萼 5 裂，花冠 5 裂，宽漏斗形，淡红紫色，长约 4cm；花芽鳞在花期宿存；雄蕊 10。蒴果圆柱形，长 1cm，褐色，被腺鳞，5 室；种子多数，细小。花期 4 ~ 5月，先叶开放；果期 7 ~ 8月。

【地理分布】分布于东北、华北和江苏北部、四川、湖北等地，生于山地灌丛中；俄罗斯、朝鲜和日本也有分布。

【繁殖方法】播种、分株繁殖。

【园林应用】春季先叶开花，花朵繁密鲜艳，是优良早春观花灌木，最适于山地风景区应用，也可作城市绿化树种。

照山白

Rhododendron micranthum Turcz.　　杜鹃花属

【识别要点】常绿灌木，高达2m。小枝细，具短毛及腺鳞。叶厚革质，长圆形或倒披针形，长2～4cm，宽1～1.5cm，两面有褐色腺鳞，背面更多，全缘，边缘略反卷。密总状花序顶生，总轴长1.5cm；花冠钟状，长6～8mm，乳白色，雄蕊10，伸出。果圆柱形，长5～8mm，疏生腺鳞。花期5～7月，果期8～9月。

【地理分布】产东北、华北、华中、西北和四川西部，朝鲜也有分布。

【繁殖方法】播种、分株繁殖。

【园林应用】同迎红杜鹃。

大字杜鹃

Rhododendron schlippenbabachii Maxim.　　杜鹃花属

【识别要点】落叶灌木，高1～4m；枝近于轮生。幼枝、叶片、叶柄、花梗、花萼、雌蕊、果实均被腺毛。幼枝黄褐色或淡棕色。叶纸质，常5枚集生枝顶，倒卵形或阔倒卵形，长4.5～7.5cm，宽2.5～4.5cm，基部楔形，边缘微波状；叶柄长2～4mm。伞形花序顶生，有花3～6朵，先花后叶或与叶同放；花梗长1.2cm；花萼5裂；花冠蔷薇色或白色至粉红色，漏斗形，长2.5～3.2cm，裂片5，上方3枚具红棕色斑点；雄蕊10，不等长，部分伸出于花冠外。蒴果长圆球形，黑褐色，长达1.7cm。花期5月，果期6～9月。

【地理分布】产辽宁南部和东南部、内蒙古，常生于低海拔的山地阴山阔叶林下或灌丛中。朝鲜、日本也有分布。

【繁殖方法】播种、分株繁殖。

【园林应用】同迎红杜鹃。

牛皮杜鹃

Rhododendron aureum Georgi

杜鹃花属

【识别要点】常绿矮小灌木，高 10 ~ 50 cm，偶可高达 1m；茎横卧，侧枝斜升，具黑褐色宿存芽鳞。叶集生枝上部，革质，倒披针形至倒卵状长圆形，长 2.5 ~ 8 cm，宽 1 ~ 3.5 cm，先端钝圆，具短小凸尖头，基部楔形，两面无毛，上面绿色，全缘，常反卷；叶柄长 5 ~ 10mm。伞房花序有花 5 ~ 8 朵，花梗疏被红色柔毛；花冠钟形，径约 3 cm，淡黄色，后渐转白色，5 裂；雄蕊 10，不等长。蒴果长圆形，长 1 ~ 1.5 cm，有锈色毛。花期 5 ~ 6 月，果期 7 ~ 9 月。

【地理分布】分布于吉林东南部和辽宁，呈片状生于海拔 1000-2500m 高山草原地带或苔藓层上。俄罗斯、蒙古、朝鲜和日本也有分布。

【繁殖方法】播种或分株繁殖。

【园林应用】叶片大而光亮，花淡黄色，十分美观，是东北地区稀有的常绿观赏花木，成片植为地被最能发挥其美化作用。还可作为育种资源，也是优良的水土保持植物。

越橘（红豆）

Vaccinium vitis-idaea L.

越橘属

【识别要点】常绿矮小灌木，地下有细长匍匐的根状茎，地上部分高 10 ~ 30cm。茎纤细，直立或下部平卧，被灰白色短柔毛。叶互生，革质，椭圆形或倒卵形，长 0.7 ~ 2cm，宽 4 ~ 8mm，顶端圆，边缘反卷，网脉两面不甚明显。短总状花序，长 1 ~ 1.5cm，稍下垂，有花 2 ~ 8 朵；苞片红色，宽卵形，长约 3mm；萼片 4，宽三角形；花冠白色或淡红色，钟状，长约 5mm，裂片三角状卵形，直立；雄蕊 8，短于花冠。浆果球形，直径 5 ~ 10mm，紫红色。花期 6 ~ 7 月；果期 8 ~ 9 月。

【地理分布】分布于黑龙江、吉林、内蒙古、陕西和新疆等地。北半球寒温带地区普遍分布。

【繁殖方法】播种、分株或压条繁殖。

【园林应用】植株低矮、繁密，果实红艳，可植为地被。叶可代茶饮用，也可入药；果实可食，味酸甜。

六十二、 柿树科 Ebenaceae

营养器官检索表

1. 乔木，无刺。
 2. 冬芽顶端钝，叶宽椭圆形至卵状椭圆形，近革质，下面常被黄褐色柔毛 ··柿树 *Diospyros kaki*
 2. 冬芽顶端尖，叶长椭圆形，质地较薄，下面被灰色柔毛 ························君迁子 *Diospyros lotus*
1. 灌木，有枝刺；叶菱状倒卵形至卵状菱形，长 4 ~ 4.5cmm，基部楔形 ·········老鸦柿 *Diospyros rhombifolia*

柿树

Diospyros kaki Thunb.　　柿树属

【识别要点】落叶乔木，高达 15m；树冠半圆形；树皮暗灰色，呈小方块状开裂。无顶芽，侧芽先端钝，芽鳞 2 ~ 3。枝较粗，被黄褐色绒毛，后渐脱落。单叶互生，叶片宽椭圆形至卵状椭圆形，长 6 ~ 18cm，近革质，上面深绿色，有光泽，下面有绒毛或无毛。多雌雄同株，雄花为聚伞花序，雌花多单生。萼 4 裂，绿色；花冠 4 裂，钟状，黄白色。浆果卵圆形或扁球形，大小不一，黄色或红色；基部有增大而宿存的花萼；种子扁平。花期 5 ~ 6 月，果期 9 ~ 10 月。

【地理分布】中国特有树种，原产长江流域，现辽宁西部、黄河流域至华南、西南、台湾均有栽培。

【繁殖方法】嫁接繁殖，一般选用君迁子作砧木，南方还可用野柿或油柿。

【园林应用】树冠广展如伞，叶大荫浓，秋日叶色转红，丹实似火，极为美观。是观叶、观果和结合生产的重要树种，既可做庭荫树、行道树，也适于成片种植。

君迁子

Diospyros lotus L.

柿树属

【识别要点】落叶乔木，高达 15m。树皮灰黑色或灰褐色，深裂成方块状；幼枝灰绿色，有短柔毛。冬芽先端尖。单叶互生；叶片长椭圆形，长 5 ~ 13cm，宽 2.5 ~ 6cm，表面深绿色，质地较柿树为薄，下面被灰色柔毛。花单性，雌雄异株，花淡黄色至淡红色；雄花 1 ~ 3 朵簇生叶腋，花冠壶形；雌花单生。浆果近球形至椭圆形，初熟时淡黄色，后则变为蓝黑色，外面有蜡质白粉，长 1.5 ~ 2cm，直径约 1.2 ~ 1.5cm。花期 5 ~ 6 月。果期 10 ~ 11 月。

【地理分布】中国特有树种，分布于辽宁、河北、山东、陕西、中南及西南各地，常见栽培。亚洲西部、小亚细亚、欧洲南部均已驯化。

【繁殖方法】播种繁殖。

【园林应用】园林中可用作庭荫树或行道树，也是嫁接柿树最常用的砧木。

老鸦柿

Diospyros rhombifolia Hemsl.

柿树属

【识别要点】落叶灌木，高 2 ~ 3m；树皮褐色，有光泽。枝有刺，幼枝有柔毛。单叶互生，叶纸质，菱状倒卵形至菱状卵形，长 4 ~ 8.5cm，宽 2 ~ 3.8cm，基部狭楔形，表面沿脉有黄色毛，后脱落，背面疏生柔毛；叶柄长 2 ~ 4mm。花白色，单生叶腋，花萼宿存，革质，裂片长椭圆形或披针形，有明显的直脉纹，花后增大，向后反曲。浆果卵球形，直径约 2cm，顶端长尖，嫩时有长柔毛，熟时红色；果柄纤细，长约 1.5 ~ 2.5cm。花期 4 月，果期 10 月。

【地理分布】分布于华东，生于向阳山坡、路边、灌丛中。华北有栽培。

【繁殖方法】播种、分株繁殖。

【园林应用】果实红色悬垂，是优良观果灌木，适于庭院、山石间应用。

六十三、 野茉莉科 Styracaceae

玉铃花

Styrax obassia Sieb. *et* Zucc. 野茉莉属

【识别要点】落叶乔木，高达14m，或呈灌木状。叶被星状柔毛，两型：小枝最下两叶近对生，椭圆形或卵形，长4.5～10cm，宽2～5cm，先端短尖，基部圆形，叶柄长3～5mm；小枝上部的叶互生，宽椭卵形或近圆形，长5～15cm，宽4～10cm，具粗锯齿。总状花序，有花10～20朵，白色或粉红色。萼5裂，宿存；花冠5深裂；花丝基部合生；核果干燥，卵形，长1.5～1.8cm，径约1.2cm，密被黄褐色星状毛。花期5～7月；果期8～9月。

【地理分布】分布于辽宁东南部、山东和长江中下游地区；生于海拔700～1500m山区林中，是本属分布最北的一种。大连、丹东、青岛等地有栽培。朝鲜和日本也有分布。

【繁殖方法】播种繁殖。

【园林应用】花朵洁白芳香，是美丽的观花树种，园林中可栽培观赏。

六十四、山矾科 Symplocaceae

白檀

Symplocos paniculata (Thunb.)Miq.　　山矾属

【识别要点】落叶灌木或小乔木。幼枝、叶片下面和花序密生柔毛。枝条细硬，一年生枝灰褐色。单叶互生；无托叶，叶纸质，卵圆形或倒卵形，长 3 ~ 9（11）cm，宽 2 ~ 3.5cm，基部楔形，边缘有细尖锯齿。圆锥花序顶生，长 5 ~ 8cm，松散；花白色，有香气，花冠深裂，雄蕊约 30，花丝基部合生。核果卵形，蓝色。花期 5 月。

【地理分布】分布于东北、华北至长江以南各地，生于山坡、路边、疏林或密林中，在阳坡和近溪边湿润处生长最好。朝鲜、日本、印度也有分布，北美有栽培。

【繁殖方法】播种、扦插繁殖。

【园林应用】花朵繁茂，是优良的观花树种，特别适于山地风景区应用，也可用于园林造景。

六十五、 夹竹桃科 Apocynaceae

络石

Trachelospermum jasminoides (Lindl.)Lem. 络石属

【识别要点】常绿攀援藤木，茎长达10m，赤褐色。幼枝有黄色柔毛，气生根发达。单叶对生，羽状脉。叶薄革质，椭圆形或卵状披针形，长2～10cm，全缘，脉间常呈白色，背面有柔毛。聚伞花序腋生；萼5深裂，花后反卷；花冠白色，高脚碟状，芳香，裂片5，右旋；雄蕊5枚，花药内藏。蓇葖果长圆柱形；双生，长15cm。种子条形，有白毛。花期4～5月；果期7～10月。

【品　　种】斑叶络石 'Variegatum'，叶片具有白色或浅黄色斑纹，边缘乳白色。小叶络石 'Heterophyllum'，叶片狭长，披针形。

【地理分布】分布于长江流域至华南，北达山东、河北。

【繁殖方法】扦插或压条繁殖。

【园林应用】叶片光亮，花朵白色芳香，花冠形如风车，具有很高观赏价值。适植于枯树、假山、墙垣旁边，令其攀援而上，是优美的垂直绿化植物。也是优良的林下地被。

六十六、萝藦科 Asclepiadaceae

杠柳

Periploca sepium Bunge　　杠柳属

【识别要点】落叶藤本，茎先端缠绕，枝叶有乳汁，全株光滑无毛。单叶对生，全缘，披针形或卵状披针形，长 5 ~ 10cm，宽 1.5 ~ 2.5cm，先端长渐尖，叶面光绿色。聚伞花序腋生，有花 2 ~ 5 朵；花冠紫红色，直径约 2cm，花瓣反卷，副花冠环状，10 裂。蓇葖果双生，羊角状，长 7 ~ 12cm，粘合或广展。花期 5 ~ 7 月，果期 9 ~ 10 月。

【地理分布】我国广布，自东北南部、华北、西北至长江流域、西南均有分布，多生于低山、平原的沟坡、田边、林缘。

【繁殖方法】播种繁殖，也可扦插或分株繁殖。

【园林应用】叶色光绿，花朵紫红，果实奇特，生长迅速，是山地风景区干旱荒坡的适宜绿化和水土保持植物，也可用于公园的栅栏和棚架绿化，枝叶茂密，遮荫效果较好。

六十七、 茄科 Solanaceae

枸杞

Lycium chinense Mill.　　枸杞属

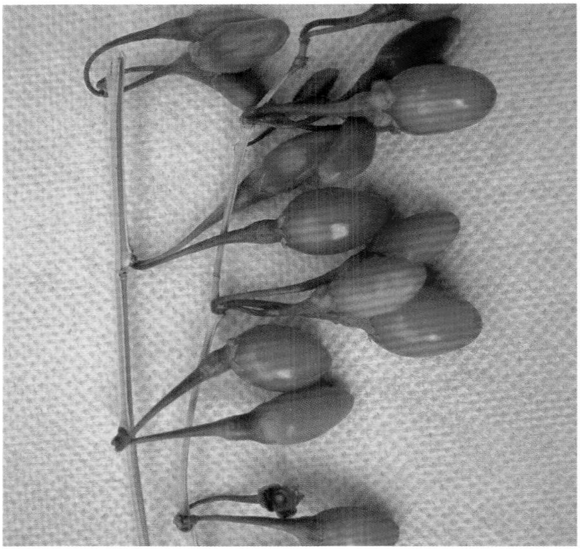

【识别要点】落叶蔓性灌木，枝条弯曲或匍匐，可长达5m，有短刺或否。单叶互生或簇生，卵形至卵状披针形，长1.5～5cm，宽1～2.5cm，全缘。花单生或2～4朵簇生叶腋；花萼3（4～5）裂；花冠漏斗状，淡紫色，长9～12mm，筒部向上骤然扩大，5深裂，裂片边缘有缘毛；雄蕊伸出花冠外。浆果卵形或长卵形，长5～18mm，径4～8mm，成熟时鲜红色。花果期5～10月。

【地理分布】分布于东亚和欧洲，我国各地广布，常见栽培。

【繁殖方法】播种、分株、扦插或压条繁殖。

【园林应用】枸杞老蔓盘曲如虬龙，小枝细柔下垂，花朵紫色且花期长，秋日红果累累，缀满枝头，状若珊瑚，颇为美丽，富山林野趣，可供池畔、台坡、悬崖石隙、山麓、山石、林下等处美化之用，也可植为绿篱。

【相近种类】宁夏枸杞 *Lycium barbarum* L.

六十八、紫草科 Boraginaceae

厚壳树

Ehretia thyrsiflora (Sieb. *et* Zucc.)Nakai　　厚壳树属

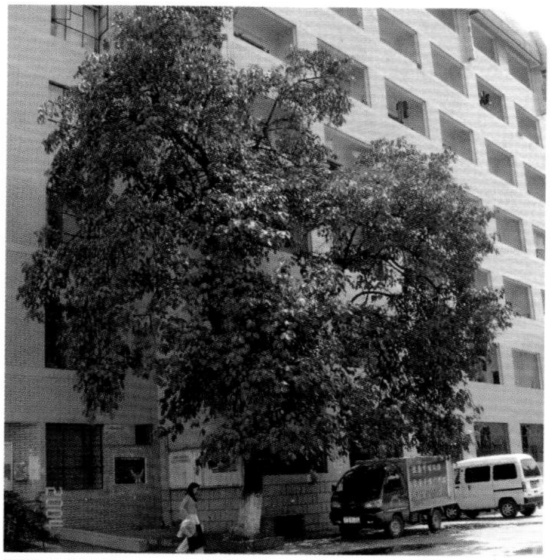

【识别要点】落叶乔木，高达 15m。树皮灰黑色，纵裂。枝条黄褐色至赤褐色，无毛。单叶互生，叶厚纸质，叶面划刻可现紫色划痕。椭圆形、狭倒卵形或长椭圆形，长 7 ~ 16cm，宽 3 ~ 8cm，有浅细锯齿，上面沿脉散生白色短伏毛，下面疏生黄褐色毛。叶缘具浅细尖锯齿。圆锥花序顶生和腋生，长 10 ~ 20cm；花无梗，密集，有香味；花萼、花冠 5 裂，花冠白色；雄蕊 5，生冠管上；雄蕊伸出花冠外；子房 2 室，每室 2 胚珠，花柱 2 枚，合生至中部以上。核果近球形，橘红色，径 3 ~ 4mm。花期 6 月，果熟 7 ~ 8 月。

【地理分布】分布于我国亚热带地区；日本和朝鲜也有分布。

【繁殖方法】播种或分株繁殖。

【园林应用】枝叶郁茂、满树繁花，适于庭院中植为庭荫树，可用于亭际、房前、水边、草地等多处。

【相近种类】粗糠树 *Ehretia dicksonii* Hance.

六十九、马鞭草科 Verbenaceae

营养器官检索表

1. 单叶。
  2. 掌状 3 ~ 5 出脉，叶片较宽大。
    3. 嫩枝近四棱形，枝髓有淡黄色片状横隔，叶全缘或有波状锯齿，伞房状聚伞花序疏散 · 海州常山 *Clerodendrum trichotomum*
    3. 嫩枝近圆形，枝髓白色坚实，叶缘有锯齿；花序密集 ··············· 臭牡丹 *Clerodendrum bungei*
  2. 羽状脉。
    4. 裸芽；叶下面常有黄色腺点。
      5. 叶缘仅中上部疏生锯齿，长 3 ~ 7cm，叶柄长 2 ~ 5mm；花序梗远较叶柄长；花紫色 ·········

……………………………………………………………………………………白棠子树 *Callicarpa dichotoma*

5. 叶缘几乎全部有锯齿，长 7 ~ 15cm，叶柄长 5 ~ 10m；花序梗与叶柄等长或稍短 ……………………………………………………………………………………日本紫珠 *Callicarpa japonica*

4. 鳞芽。

6. 匍匐灌木，主茎伏卧地面产生不定根；叶卵形至椭圆形，全缘··单叶蔓荆 *Vitex trifolia var. simplicifolia*

6. 直立灌木。

7. 叶长卵状椭圆形，淡黄色，尤以新叶为甚，背面有银色毛……………金叶莸 *Caryopteris × clandonensis 'Worcester Gold'*

7. 叶条形或条状披针形，绿色………………………………………………蒙古莸 *Caryopteris mongolica*

1. 掌状复叶；小枝四方形，密生灰白色绒毛。

8. 小叶全缘或有钝锯齿，下面被灰白色柔毛………………………………………黄荆 *Vitex negundo*

8. 小叶边缘有缺刻状锯齿以至浅裂…………………………荆条 *Vitex negundo var. heterophylla*

海州常山（臭梧桐）

Clerodendrum trichotomum Thunb. 　　　　颖桐属

【识别要点】落叶灌木或小乔木，高达 8m。嫩枝、叶柄、花序轴有黄褐色柔毛；枝髓片隔状，淡黄色。单叶对生，叶片阔卵形至三角状卵形，长 5 ~ 16cm，全缘或有波状锯齿，两面疏生短柔毛或近无毛。伞房状聚伞花序顶生或腋生，长 8 ~ 18cm；萼紫红色；花冠白色或略带粉红色；雄蕊与花柱伸出花冠外。浆果状核果，熟时蓝紫色，宿萼增大。花果期 6 ~ 11 月。

【地理分布】分布于东北、华北、华东至西南各地，多生于山坡、路旁和溪边。我国北方各地常见栽培。

【繁殖方法】播种、扦插、分株繁殖。

【园林应用】花果美丽，花时白色花冠后衬紫红花萼，果时增大的紫红色宿萼托以蓝紫色果实，且花果期长，为优良秋季观花、观果树种，丛植、孤植均宜。

【相近种类】臭牡丹 *Clerodendrum bungei* Steud.

黄荆

Vitex negundo L. 牡荆属

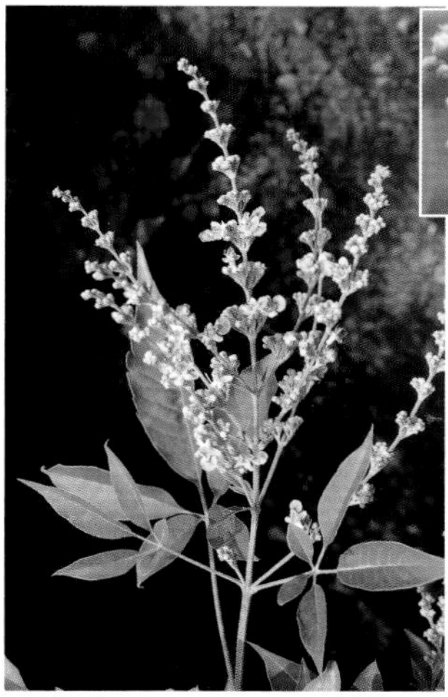

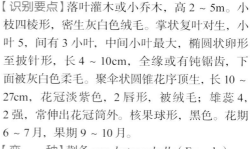

【识别要点】落叶灌木或小乔木，高 2 ~ 5m。小枝四棱形，密生灰白色绒毛。掌状复叶对生，小叶 5，间有 3 小叶，中间小叶最大，椭圆状卵形至披针形，长 4 ~ 10cm，全缘或有钝锯齿，下面被灰白色柔毛。聚伞状圆锥花序顶生，长 10 ~ 27cm，花冠淡紫色，2 唇形，被绒毛；雄蕊 4，2 强，常伸出花冠筒外。核果球形，黑色。花期 6 ~ 7 月，果期 9 ~ 10 月。

【变　　种】荆条 var. *heterophylla*（Franch.）Rehd.，小叶边缘有缺刻状锯齿，浅裂至深裂。

【地理分布】黄荆分布几遍全国，荆条主要分布于华北、西北至华东和华中北部。

【繁殖方法】播种繁殖，也可扦插、分株繁殖。

【园林应用】适应性强，极耐干旱瘠薄，是北方低山干旱阳坡最常见的灌丛优势种。树形疏散，叶形秀丽，花色清雅，在盛夏开花，可栽培观赏，适于山坡、池畔、湖边、假山、石旁、小径、路边点缀风景。

单叶蔓荆

Vitex trifolia Linn. var. *simplicifolia* Cham. 牡荆属

【识别要点】匍匐灌木，节处生根。小枝被细柔毛。单叶对生，倒卵形或近圆形，先端钝圆或有短尖头，基部楔形，全缘，长 2.5 ~ 5 cm，宽 1.5 ~ 3 cm。圆锥花序顶生，被灰白色绒毛，花蓝紫色，花冠二唇形，雄蕊 4，伸出花冠外。核果近圆形，径约 5mm。花期 7 ~ 8 月，果期 8 ~ 10 月。

【地理分布】分布于辽宁、河北、山东、江苏、安徽、浙江、福建、广东等地，生于海滩、湖畔沙地。

【繁殖方法】播种或扦插繁殖。

【园林应用】生长快、抗逆性强，能很快覆盖地面，是优良的地被植物，最宜群植，形成庞大的群落，适于沿海、河流沿岸等处的沙地，具有防风固沙、保持水土的作用。

白棠子树（小紫珠）

Callicarpa dichotoma (Lour.)K. Koch. 紫珠属

【识别要点】落叶灌木，高 1 ~ 2m。裸芽，被星状毛或粗糠状短柔毛。小枝带紫红色，具星状毛。叶对生，倒卵形至卵状矩圆形，长 3 ~ 7cm，端急尖，基部楔形，边缘上半部疏生锯齿，两面无毛，下面有黄棕色腺点；叶柄长 2 ~ 5mm。聚伞花序纤弱、腋生，2 ~ 3 次分歧，花序梗远较叶柄长；花冠紫色；花药顶端纵裂；子房无毛，有腺点。萼、花冠 4 裂；雄蕊 4；子房 4 室。浆果状核果，成熟时常为有光泽的紫色。花期 6 ~ 7 月，果期 10 ~ 11 月。

【地理分布】分布于华东、华中、华南、贵州、河北、山东等地。

【繁殖方法】播种，也可扦插或分株繁殖。

【园林应用】植株矮小，枝条柔细，入秋果实累累，色泽素雅而有光泽，晶莹如珠，为优良的观果灌木。适于作基础种植材料，或用于庭院、草地、假山、路旁、常绿树前丛植。果枝可作切花。

【相近种类】日本紫珠 *Callicarpa japonica* Thunb.

金叶莸

Caryopteris × *clandonensis* 'Worcester Gold' 莸属

【识别要点】落叶灌木，高达 1.2m；枝条圆柱形。单叶对生，叶片长卵状椭圆形，长 3 ~ 6cm，淡黄色，基部钝圆形，边缘有粗齿；表面光滑，背面有银色毛。聚伞花序，花密集；花萼钟状，二唇形，5 裂，下裂片大而有细条状裂；花冠高脚碟状；雄蕊 4；花冠、雄蕊、雌蕊均为淡蓝色。花期 7 ~ 10 月。

【地理分布】从北美引入，我国北方常见栽培。

【繁殖方法】播种、扦插繁殖。

【园林应用】是良好的春夏观叶、秋季观花材料，可作大面积色块或基础栽植，也可植于草坪边缘、假山旁、水边、路边。

【相近种类】蒙古莸 *Caryopteris mongolica* Bunge.

七十、马钱科 Loganiaceae

大叶醉鱼草

Buddleja davidii Franch.

醉鱼草属

【识别要点】落叶灌木，高达 5m。幼枝密被白色星状毛。单叶对生，叶卵状披针形至披针形，长 10 ~ 25cm，疏生细锯齿，表面无毛，背面密被白色星状绒毛。小聚伞花序集成穗状圆锥花序；花两性，4 基数，花萼密被星状绒毛；花冠高脚碟状；淡紫色，芳香，长约 1cm，花冠筒细而直，长约 0.7 ~ 1cm，顶部橙黄色，外面被星状绒毛及腺毛。蒴果长圆形，长 6 ~ 8mm，2 瓣裂。花期 6 ~ 9 月。

【地理分布】主产长江流域一带，西南、西北等地也有。

【繁殖方法】播种，分株，扦插繁殖均可。

【园林应用】花色丰富，花序较大，又有香气，花开于少花的夏、秋季，颇受欢迎，可在路旁、墙隅、草坪边缘、坡地丛植，亦可植为自然式花篱。植株有毒，应用时应注意。枝、叶、根皮入药外用，也可作农药。

【相近种类】互叶醉鱼草 *Buddleja alternifolia* Maxim.

七十一、木犀科 Oleaceae

营养器官检索表

1. 单叶，偶尔部分叶为复叶。
 2. 叶全缘（花叶丁香叶片可分裂，裂片全缘，桂花常全缘或间有锯齿，若如此，也可在次 2 项、中检索）。
  3. 无顶芽，或顶芽不发育，枝条假二叉分枝；果实为蒴果。
   4. 冬芽有短柔毛。
    5. 乔木，小枝无毛；叶柄长（1）1.5 ~ 2.5cm；花白色或黄白色。
    6. 叶下面常有短柔毛；叶面皱折，侧脉隆起；花丝与花冠裂片近等长或长于花冠裂片；蒴

果先端常钝，或为锐尖……………………………………………………暴马丁香 *Syringa amurensis*

6. 叶下面平滑无毛；叶面平坦，侧脉不隆起或微隆起；花丝与花冠裂片近等长；蒴果先端锐尖……………………………………………………………………………北京丁香 *Syringa pekinensis*

5. 小灌木，小枝有柔毛；叶柄长 0.5 ~ 1（1.2）cm；花淡紫色。芽暗紫色，叶片长 3 ~ 8cm，下面有密柔毛………………………………………………………………………巧玲花 *Syringa pubescens*

4. 冬芽无毛。

7. 叶片不分裂。

8. 叶表面较平，长宽近相等或宽大于长，几乎无毛。

9. 叶片阔卵形，通常宽大于或等于长，叶基常心形………………………… 紫丁香 *Syringa oblata*

9. 叶椭圆形至卵圆形，长略大于宽，叶基截形至阔楔形 ………… 欧洲丁香 *Syringa vulgaris*

8. 叶表面显著皱褶，长大于宽，背面粉绿色，疏生长柔毛………………红丁香 *Syringa villosa*

7. 叶片长椭圆形至披针形，常 3 裂或羽状裂，边缘略内卷，下面有小黑点；叶柄长 0.5 ~ 1.2cm…………………………………………………………………………花叶丁香 *Syringa × persica*

3. 有顶芽，稀无顶芽但枝条不为假二叉分枝；翅果、核果。

10. 侧芽 2 ~ 3 个叠生，叶缘有时有锯齿。

11. 落叶性，枝皮常卷裂；侧芽 2 个叠生，主芽芽鳞 2 ~ 3 对；叶卵形、椭圆形至倒卵状椭圆形，先端钝或微凹，全缘或幼树、萌生枝之叶有锯齿 ……………流苏 *Chionanthus retusus*

11. 常绿性，枝皮不卷裂；侧芽常 2 ~ 3 个叠生，芽鳞 2……………桂花 *Osmanthus fragrans*

10. 侧芽单生，叶全缘。

12. 小枝圆形或略有棱；核果。

13. 叶绿色。

14. 灌木，嫩枝有毛。

15. 常绿性，叶厚革质，卵形至卵状椭圆形，长 4 ~ 8cm，叶缘及中脉常带紫红色；嫩枝疏生短毛，不久脱落………………………………………………日本女贞 *Ligustrum japonicum*

15. 落叶或半常绿，叶纸质或薄革质。

16. 叶下面、小枝及叶柄均有短柔毛。

17. 常绿或半常绿，叶卵形、椭圆形至披针形，长 2 ~ 9cm，宽 1 ~ 3.5cm，先端尖；花梗细而明显；花冠筒短于花冠裂片 ………………………………小蜡 *Ligustrum sinense*

17. 落叶灌木；叶披针状长椭圆形、长椭圆形至倒卵状长椭圆形，长 1.5 ~ 6cm，宽 0.5 ~ 2.2cm，先端钝或尖；花冠筒远比花冠裂片长‥水蜡树 *Ligustrum obtusifolium* subsp. *suave*

16. 叶椭圆形至倒卵状长圆形，长 1.5 ~ 5cm，两面无毛，小枝及叶柄有短柔毛；花近无柄…………………………………………………………………… 小叶女贞 *Ligustrum quihoui*

14. 乔木，全株无毛；叶卵形至卵状披针形，长 6 ~ 12cm，表面有光泽……女贞 *Ligustrum lucidum*

13. 叶黄色，新叶为甚，纸质………………………………………………金叶女贞 *Ligustrum*'Vicary'

12. 小枝明显四棱形，嫩枝无毛；叶披针形或卵状披针形，长 3 ~ 7cm，宽 1 ~ 2cm，先端渐尖；翅果扁平，倒卵形……………………………………………………雪柳 *Fontanesia fortunei*

2. 叶缘有锯齿。

18. 常绿性，叶革质。

19. 叶缘具 3 ~ 4 对大刺齿，齿长 2 ~ 5mm ……………………………… 柊树 *Osmanthus heterophyllus*

19. 叶缘有细锯齿…………………………………………………………………… 桂花 *Osmanthus fragrans*

18. 落叶性，叶纸质或薄革质。

20. 乔木，枝条实心；叶有锯齿或全缘，先端钝、尖或微凹，背面有黄色柔毛 ……………… 流苏 *Chionanthus retusus*

20. 灌木，枝条髓心中空或片状分隔。

21. 枝条髓心片状分隔。

22. 枝条直展；叶椭圆状矩圆形，长 3.5 ~ 11cm，中部以上有粗锯齿 ………金钟花 *Forsythia viridissima*

22. 枝常拱形，较细长，叶长椭圆形至卵状披针形，偶 3 裂。连翘和金钟花的杂交种，性状介于两者之间 …………………………………………………… 金钟连翘 *Forsythia × intermedia*

21. 枝条髓心中空；叶卵形、宽卵形或椭圆状卵形，长 3 ~ 10cm，有粗锯齿，有时 3 裂或 3 小叶 …………………………………………………………………………………… 连翘 *Forsythia suspensa*

1. 羽状复叶。

23. 复叶对生。

24. 枝条不呈刺状。

25. 灌木，枝条拱垂，2 年生小枝绿色；三出复叶，小叶全缘……迎春花 *Jasminum nudiflorum*

25. 乔木，小枝粗壮，常灰褐色或紫褐色；羽状复叶，小叶 3 以上，有锯齿，稀近全缘。

26. 小枝无毛。

27. 叶轴着生小叶处膨大，有黄褐色柔毛。

28. 小叶 7 ~ 15 枚，椭圆状披针形至卵状长椭圆形，近无柄；花序和果序侧生于去年枝上…………………………………………………………………… 水曲柳 *Fraxinus mandshurica*

28. 小叶 3 ~ 7 枚，常 5 枚，宽卵圆形，小叶柄显著；花序和果序侧生于当年枝上··大叶白蜡 *Fraxinus rhynchophylla*

27. 叶轴着生小叶处无毛，小叶 5 ~ 9 枚，通常 7 枚。

29. 小叶近无柄；椭圆形，先端尖；翅与种子约等长 ………………… 白蜡 *Fraxinus chinensis*

29. 小叶柄长 5 ~ 15mm……………………………………………… 美国白蜡 *Fraxinus americana*

26. 小枝有毛。

30. 小叶长 3 ~ 8cm，较狭窄，椭圆形至披针形，中上部有锯齿或近全缘；小枝、叶轴、叶两面均有较密的短柔毛 ……………………………………………绒毛白蜡 *Fraxinus velutina*

30. 小叶长 8 ~ 14cm，长卵形至卵状披针形，上面光滑，下面沿脉有白色短柔毛……洋白蜡 *Fraxinus pennsylvanica*

24. 营养枝常呈棘刺状，羽状复叶长 7 ~ 15cm，叶轴具狭翅……对节白蜡 *Fraxinus hupehensis*

23. 复叶互生，小叶 3 ~ 5，小枝及叶两面无毛，近叶缘有睫毛，小枝微有棱角……………………… 探春 *Jasminum floridum*

雪柳

Fontanesia fortunei Carr.　　雪柳属

【识别要点】落叶灌木或小乔木，高达 5m，树皮灰黄色。小枝细长，四棱形。单叶对生，披针形或卵状披针形，长 3 ~ 7cm，宽 1 ~ 2cm，先端渐尖，基部楔形，全缘。圆锥花序或总状花序生于叶腋和枝顶；萼小，4 深裂；花瓣 4，几分离，白色或带绿白色，微香。翅果扁平，倒卵形，长 6 ~ 8mm，周围有狭翅。花期 5 ~ 6 月；果期 8 ~ 10 月。

【地理分布】分布于黄河流域至长江流域，各地园林中普遍栽培。

【繁殖方法】播种或扦插繁殖，亦可压条繁殖。

【园林应用】雪柳枝条细柔，叶片细小，晚春满树白花，宛如积雪，颇为美观。可丛植于庭园、群植或散植于风景区观赏，以其枝叶密生，适于隐蔽，也是优良的自然式绿篱材料。

白蜡（蜡条、梣）

Fraxinus chinensis Roxb.

白蜡属

【识别要点】落叶乔木，高达 15m；树冠卵圆形，冬芽淡褐色。小枝黄褐色，无毛。奇数羽状复叶对生；无托叶。小叶常 7(5 ~ 9)，椭圆形至椭圆状卵形，长 3 ~ 10cm，有波状齿，先端渐尖，基部楔形，不对称，下面沿脉有短柔毛，叶柄基部膨大。花单性，圆锥花序生于当年生枝上；花萼钟状，4 裂，无花瓣，雄蕊 2。翅果倒披针形，长 3 ~ 4cm，基部窄，先端菱状匙形，翅与种子约等长。花期 3 ~ 5 月，果期 9 ~ 10 月。

【地理分布】我国广布，自东北中部和南部，经黄河流域、长江流域至华南、西南均有分布；朝鲜和越南也产。

【繁殖方法】播种为主，亦可扦插或压条。

【园林应用】树形端正，树干通直，枝叶繁茂而鲜绿，秋叶橙黄，是优良的秋色叶树种。可作庭荫树、行道树栽培，也可用于水边、矿区的绿化。耐盐碱，是盐碱地区和北部沿海地区重要的园林绿化树种。

【相近种类】大叶白蜡（花曲柳）*Fraxinus rhynchophylla* Hance.

七十一、木犀科

绒毛白蜡（绒毛梣）

Fraxinus velutina Torr.　　白蜡属

【识别要点】落叶乔木，高达 18m；树冠伞形。幼枝、冬芽上均有绒毛。小叶 3 ~ 7，通常 5，顶小叶较大，狭卵形，长 3 ~ 8cm，有锯齿，先端尖，下面有绒毛。圆锥花序，侧生于二年生枝上。翅果长圆形，长 2 ~ 3cm，翅等于或短于果核。花期 4 月，果期 10 月。

【地理分布】原产美国西南部，北京、天津、河北、山西、山东等地均有引栽。

【繁殖方法】播种繁殖。

【园林应用】枝繁叶茂，耐盐碱，抗污染，是优良的造景材料，可作“四旁”绿化、农田防护林、行道树及庭园绿化。

水曲柳

Fraxinus mandshurica Rupr.　　白蜡属

【识别要点】落叶乔木，高达 30m；树干通直；树皮灰褐色，浅纵裂。小枝红褐色，略呈四棱形。羽状复叶长 25 ~ 30cm 或更长，叶轴具窄翅；小叶 7 ~ 15 枚，无柄，椭圆状披针形或卵状披针形，长 8 ~ 16cm，宽 2 ~ 5cm，背面沿脉及关节处密生黄褐色绒毛。花单性异株，圆锥花序生于去年生枝侧，先叶开放；无花被。翅果常扭曲，矩圆状披针形，长 2 ~ 4cm，宽 7 ~ 9mm，果翅下延至果基部。花期 5 ~ 6 月；果期 10 月。

【地理分布】主产于东北三省，以小兴安岭和长白山林区为最多，天然分布可达河南。内蒙古、山西、山东等地有栽培。朝鲜、日本、俄罗斯也有分布。

【繁殖方法】播种繁殖。

【园林应用】东北珍贵阔叶用材树种，也是优良的行道树和绿荫树。

洋白蜡（美国红梣）

Fraxinus pennsylvanica Marsh.

白蜡属

【识别要点】落叶乔木，树皮灰褐色，深纵裂。小枝、叶轴密生短柔毛，小叶 5 ~ 9，常 7，叶片较狭窄，卵状长椭圆形至披针形，长 8 ~ 14cm，叶缘有钝锯齿或近全缘。圆锥花序，侧生于二年生枝上，先叶开放，雌雄异株；无花瓣。翅果倒披针形，果翅下延至果基部，明显长于种子。

【地理分布】原产美国东部，我国东北、华北、西北常见栽培，生长良好。

【繁殖方法】播种繁殖。

【园林应用】秋叶金黄色，是优良行道树和庭荫树。

【相近种类】美国白蜡 *Fraxinus americana* Linn.

对节白蜡

Fraxinus hupehensis

白蜡属

【识别要点】落叶乔木，高达 19m，胸径 1.5m。树皮深灰色，老时纵裂。营养枝常呈棘刺状。小枝挺直，被细绒毛或无毛。羽状复叶长 7 ~ 15cm；叶柄长 3cm；叶轴具狭翅，小叶着生处有关节；小叶 7 ~ 9(11)，革质，披针形或卵状披针形，长 1.7 ~ 5cm，宽 0.6 ~ 1.8cm，先端渐尖，基部楔形，有锐锯齿。花杂性，密集簇生于去年生枝上，呈短的聚伞圆锥花序；花萼钟状，雄蕊 2，柱头 2 裂。翅果匙形，长 4 ~ 5cm，宽 5 ~ 8mm，中上部最宽，先端急尖。花期 2 ~ 3 月；果期 9 月。

【地理分布】分布于于湖北，现广泛栽培，常用于制作盆景。

【繁殖方法】扦插、播种繁殖。

【园林应用】优良的盆景材料。

连翘

Forsythia suspensa (Thunb.)Vahl. 连翘属

【识别要点】落叶灌木，枝拱形下垂；小枝稍四棱，皮孔明显，髓中空。单叶对生，有时3裂或3小叶，叶片卵形、宽卵形或椭圆状卵形，长3～10cm，宽3～5cm，有粗锯齿，基部宽楔形。花单生或2～5朵簇生，萼4深裂，裂片长圆形，与花冠筒等长花冠钟状，黄色，4深裂；雄蕊2；花柱细长，柱头2裂。蒴果卵圆形，表面散生疣点，2裂；萼片宿存。花期3～4月，果期8～9月。

【地理分布】分布于于中国北部、东部及东北各省，常生于海拔400～1500m山坡、溪谷、石旁、疏林和灌丛中。

【繁殖方法】扦插、压条或播种繁殖，以扦插为主。

【园林应用】枝条拱形，早春先叶开花，花朵金黄而繁密，缀满枝条，是一种优良的观花灌木。最适于池畔、台坡、假山、亭边、桥头、路旁、阶下等各处丛植，也可栽作花篱或大面积群植于风景区内向阳坡地

金钟花

Forsythia viridissima Lindl.　　连翘属

【识别要点】落叶灌木，高达3m。枝条直立性较强；小枝稍四棱形，黄绿色，具片隔状髓心。单叶对生，长椭圆形至披针形，长3.5 ~ 12cm，宽1 ~ 3cm；先端尖，中部以上有粗锯齿，或近全缘；基部宽楔形，两面无毛。花1 ~ 4朵簇生叶腋，先叶开放；花梗长6 ~ 8mm，密被柔毛；萼4裂，裂片卵形至椭圆形，长约为花冠筒之半。果实卵球形，长约1.5cm，先端喙状，果梗长2 ~ 4mm。花期3 ~ 4月，果期7 ~ 8月。

【地理分布】分布于长江流域至西南，华北以南各地园林广泛栽培。

【繁殖方法】扦插、压条或播种繁殖，以扦插为主。

【园林应用】花枝挺直，适于草坪丛植或植为花篱，也可作基础种植材料。

【相近种类】金钟连翘 Forsythia × intermedia.

七十一、木犀科

紫丁香(华北紫丁香)

Syringa oblata Lindl.　　丁香属

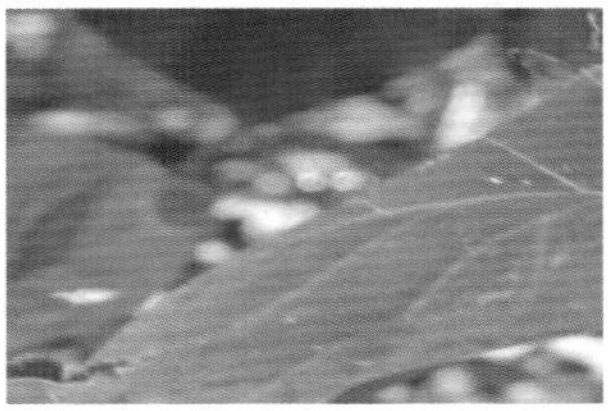

【识别要点】落叶灌木或小乔木，高达6m。枝条粗壮，无毛。单叶对生；叶片全缘，广卵形，通常宽大于长，约5 ~ 10cm，两面无毛，先端短尖，基部心形或截形。圆锥花序，长6 ~ 15cm；花4数，紫色，花冠筒细长，先端4裂；雄蕊2，花药着生于花冠筒中部或稍上。蒴果长圆形，平滑，2裂；种子有翅。花期4 ~ 5月，果期9 ~ 10月。

【变　　种】白丁香 var. *alba* Rehd.，花白色，叶片较小，背面微有柔毛。佛手丁香 var. plena Hort.，花白色，重瓣。紫萼丁香 var. giraldii Rehd.，花序轴和花萼蓝紫色，叶片背面有微柔毛。

【地理分布】分布于东北南部、华北、西北、山东、四川等地，生于海拔1500m以下的山地阳坡、石缝、山谷、山沟。朝鲜也有分布。

【繁殖方法】播种、扦插、嫁接、分株、压条繁殖。

【园林应用】枝叶茂密，花序大，花开时节清香四溢，芬芳袭人，为北方应用最普遍的观赏花木之一。可广泛应用于公园、庭院、风景区内造景，适合丛植于建筑前、亭廊周围或草坪中，也可列植作园路树。

【相近种类】欧洲丁香(洋丁香)*Syringa vulgaris* L. 毛叶丁香 *Syringa pubescens* Turcz. 花叶丁香 *Syringa* × *persica*.

红丁香

Syringa villosa Vahl.

丁香属

【识别要点】落叶灌木,高达3m。单叶,宽椭圆形、矩圆形或卵状椭圆形,长5～18cm,宽3～6cm,先端突尖,具睫毛,表面皱褶,背面粉绿色,疏生长柔毛。圆锥花序发育于当年生枝顶芽,花序轴具短柔毛;总花梗基部具叶1对;花淡紫红色或白色,花冠筒长圆筒形,裂片开展,花药位于近筒口部。蒴果椭圆形,熟时深褐色,长1～1.5cm,果皮光滑。花期5～6月,果期8～9月。

【地理分布】产于辽宁、内蒙古、河北、山西、陕西等地,生于海拔2200m以下的中山山坡、河边、砾石地或沙地,常见栽培。

【繁殖方法】播种或嫁接繁殖。

【园林应用】同紫丁香。

暴马丁香

Syringa amurensis Rupr.　　丁香属

【识别要点】落叶小乔木，高达 8m，树皮及枝皮孔明显。叶厚纸质，卵形至宽卵形，或为长圆状披针形，长 5 ~ 12cm，先端渐尖，基部圆形，薄纸质，叶面皱折；下面无毛或疏生短柔毛，侧脉隆起。圆锥花序由侧芽抽出，长 20 ~ 25cm；花冠白色或黄白色，深裂，径约 4 ~ 5mm，花冠筒短，与萼筒等长或稍长；花丝长度与花冠裂片近等长或长于花冠裂片。蒴果矩圆形，长 1.5 ~ 2.5cm，先端常钝，或为锐尖，光滑或有细小皮孔，经冬不落。花期 5 ~ 6 月，果期 8 ~ 10 月。

【地理分布】分布于东北、华北和西北东部，生于海拔 200 ~ 1600m 的山地阳坡、半阳坡和谷地杂木林中。朝鲜、日本、俄罗斯也有分布。

【繁殖方法】播种繁殖。

【园林应用】本种乔木性较强，可作其它丁香的乔化砧，以提高绿化效果。花期晚，在丁香园中有延长观花期的效果。花可提取芳香油，亦为优良蜜源植物。

北京丁香

Syringa pekinensis Rupr.　　丁香属

【识别要点】落叶大灌木或小乔木，高达 5 ~ 10m。树皮黑灰色，纵裂。小枝赤褐色或灰褐色；皮孔白色，圆形，散生。无顶芽，侧芽细小。单叶对生，叶纸质，叶宽卵形或卵圆形，长 4 ~ 10cm，宽 2 ~ 5cm，先端渐尖，基部宽楔形或近圆形，叶面平坦；叶下面平滑无毛，叶脉不隆起或微隆起。圆锥花序生于去年生枝顶或叶腋，长 8 ~ 20cm 或更长；花黄白色，辐状，直径 5 ~ 6mm；雄蕊与花冠裂片近等长。蒴果长 1.5 ~ 2.5cm，果顶锐尖，平滑或具稀疏皮孔。花期 5 ~ 6 月，果期 9 ~ 10 月。

【地理分布】分布于华北、西北。生于海拔 1400m 以下的阳坡或沟谷杂木林中。

【繁殖方法】播种繁殖。

【园林应用】同暴马丁香。

流苏树（牛筋子）

Chionanthus retusus Lingl. et Paxt.

流苏树属

【识别要点】落叶乔木，高达 20m。树皮灰色，枝皮常卷裂。单叶对生，叶卵形、椭圆形至倒卵状椭圆形，长 4 ～ 12cm，先端钝或微凹，全缘或有锯齿；背面和叶柄有黄色柔毛；叶柄基部带紫色。圆锥花序顶生，大而较松散，长 6 ～ 12cm；花白色，花冠深裂，裂片 4，呈狭长的条状倒披针形，长 1 ～ 2cm；雄蕊 2。核果椭圆形，长 1 ～ 1.5cm，蓝黑色。花期 4 ～ 5 月，果期 9 ～ 10 月。

【地理分布】分布于于河北、山东、河南、甘肃及陕西，南至云南、福建、广东、台湾等地，多生于海拔 1000m 以上的向阳山坡。朝鲜、日本也有分布。

【繁殖方法】播种、扦插、嫁接繁殖。嫁接用白蜡属树种作砧木易成活。

【园林应用】树体高大，花开时节满树繁花如雪，是初夏重要的观赏花木。适于草坪、路旁、池边、庭院建筑前孤植或丛植，老桩是重要的盆景材料。

桂花（木犀）

Osmanthus fragrans (Thunb.)Lour. 木犀属

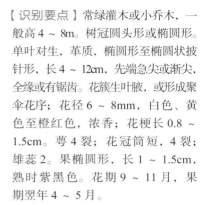

【识别要点】常绿灌木或小乔木，一般高4～8m。树冠圆头形或椭圆形。单叶对生，革质，椭圆形至椭圆状披针形，长4～12cm，先端急尖或渐尖，全缘或有锯齿。花簇生叶腋，或形成聚伞花序；花径6～8mm，白色、黄色至橙红色，浓香；花梗长0.8～1.5cm。萼4裂；花冠筒短，4裂；雄蕊2。果椭圆形，长1～1.5cm，熟时紫黑色。花期9～11月，果期翌年4～5月。

【地理分布】原产我国长江流域至西南，现广泛栽培，华北南部可露地越冬。

【繁殖方法】播种、压条、嫁接和扦插繁殖。

【园林应用】桂花是我国人民喜爱的传统观赏花木，在庭院中常对植于厅堂之前，也常于窗前、亭际、山旁、水滨、溪畔、石际丛植或孤植。

【相近种类】柊 树 *Osmanthus heterophyllus* (G. Don)P. S. Green.

女贞（大叶女贞）

Ligustrum lucidum Ait.

女贞属

【识别要点】常绿乔木，高达15m。全株无毛。单叶对生，叶片革质、全缘，卵形至卵状披针形，长6～12cm，顶端尖，基部圆形或宽楔形，表面有光泽。圆锥花序顶生，长10～20cm；花4数，花冠白色，裂片与花冠筒近等长；雄蕊2。浆果状核果，椭圆形，长约1cm，紫黑色，有白粉。花期6～7月，果期10～11月。

【地理分布】分布于长江流域及以南地区，华北地区有栽培。

【繁殖方法】播种为主，也可扦插。

【园林应用】女贞枝叶清秀，四季常绿，夏日白花满树，是一种很有观赏价值的园林树种。可孤植、丛植于庭院、草地观赏，也是优美的行道树和园路树。

【相近种类】日本女贞 *Ligustrum japonicum* Thunb.

日本女贞

小蜡

Ligustrum sinense Lour. 女贞属

【识别要点】常绿或半常绿灌木或小乔木，高 2 ～ 7m。小枝圆柱形，幼时被淡黄色短柔毛，后渐脱落。叶纸质，卵形、椭圆状卵形至披针形，长 2 ～ 7(9)cm，宽 1 ～ 3cm；顶端锐尖或钝或微凹；基部圆形或宽楔形；上面深绿色，疏被短柔毛或无毛，背面至少沿叶脉有柔毛。花白色，圆锥花序顶生或腋生，长 4 ～ 11cm，花序轴被柔毛，花梗细而明显；花萼无毛；花冠裂片 4，长 2 ～ 4mm，筒长 1.5 ～ 2.5mm；花丝与花冠裂片近等长。核果近球形，黑色，直径 5 ～ 8mm。花期 3 ～ 6 月；果期 9 ～ 12 月。

【地理分布】分布于我国长江流域及其以南各省区。黄河流域及其以南各地普遍栽培。

【繁殖方法】播种、扦插、分株繁殖。

【园林应用】适于整形修剪，常用作绿篱，也可修剪成长、方、圆等各种几何或非几何形体，用于园林点缀；也可作花灌木栽培，丛植或孤植于水边、草地、林缘或对植于门前。

【相近种类】小叶女贞 *Ligustrum quihoui* Carr.，落叶或半常绿灌木，叶薄革质，顶端钝或微凹，边缘微反卷，两面无毛。花序被微短柔毛；花无梗；花冠筒与裂片等长；花药略伸出花冠外。果实椭圆形，长 5 ～ 9mm，紫黑色，有光泽。

水蜡树

Ligustrum obtusifolium Sieb. *et* Zucc.

女贞属

【识别要点】落叶灌木，高 3m。树皮暗黑色；枝条开展或拱形，幼枝密生短柔毛。单叶对生，叶椭圆形至长圆状倒卵形，长 3 ~ 7cm，全缘，端尖或钝，上面无毛，背面具柔毛，沿中脉较密。圆锥花序顶生，短而常下垂，长仅 4 ~ 5cm，生于侧面小枝上，花白色，芳香；花具短梗；萼具柔毛；花冠管长于花冠裂片 2 ~ 3 倍。核果黑色，椭圆形，稍被蜡状白粉。花期 5 ~ 6 月。果期 9 ~ 10 月。

【地理分布】产于东北南部、华北、华东及华中地区。

【繁殖方法】播种、扦插、压条、分株繁殖。

【园林应用】枝叶细密，耐修剪，适于作绿篱栽植，是优良的抗污染树种。嫩叶可代茶。

金叶女贞

Ligustrum'Vicary'

女贞属

【识别要点】常绿或半常绿灌木，高 2 ~ 3m。幼枝有短柔毛。单叶对生，全缘，椭圆形或卵状椭圆形，长 2 ~ 5cm，叶色鲜黄，尤以新梢叶色为甚。圆锥花序顶生，花白色；花冠筒比花冠裂片长 2 ~ 3 倍。核果阔椭圆形，紫黑色。花期 5 ~ 6 月，果期 10 月。

【地理分布】由金边女贞与欧洲女贞杂交育成，现广泛栽培。

【繁殖方法】扦插繁殖。

【园林应用】适于整形修剪，常用作模纹图案材料，也可作绿篱，或修剪成长、方、圆等各种几何或非几何形体，用于园林点缀。

迎春花

Jasminum nudiflorum Lindl. 素馨属

【识别要点】落叶灌木。枝条绿色，细长，直出或拱形下垂，明显四棱形。3 出复叶对生，幼枝基部有时有单叶，小叶卵状椭圆形，长 1 ~ 3cm，边缘有短睫毛，表面有基部突起的短刺毛。花单生于去年生枝叶腋，叶前开放，有叶状狭窄的绿色苞片；萼裂片 5 ~ 6；花冠黄色，裂片 6，长仅为花冠筒的 1/2。浆果椭圆形，通常不结实。花期 (1)2 ~ 3 月。

【地理分布】分布于华北、西北至西南各地，现广泛栽培。

【繁殖方法】萌蘖力强。扦插、压条或分株繁殖。

【园林应用】花期甚早，绿枝黄花，早报春光。由于枝条拱垂，植株铺散，迎春适植于坡地、花台、堤岸、池畔、悬崖、假山，也可植为花篱，或点缀于岩石园中。

【相近种类】探春花(迎夏)*Jasminum floridum* Bunge.

七十二、茜草科 Rubiaceae

薄皮木（野丁香）

Leptodermis oblonga Bunge

野丁香属

【识别要点】落叶灌木，高 80 ~ 100cm。小枝褐色变浅灰色，被柔毛，后脱落。单叶对生或簇生于短枝上，椭圆形或矩圆状倒披针形，长 1 ~ 2(3)cm，先端短尖，基部渐狭，边缘反卷；托叶三角形，急尖，宿存。花无梗，2 ~ 10 朵簇生于枝顶或叶腋。花萼管倒卵形，5 裂；花冠淡紫红色，漏斗形，5 裂，裂片披针形；雄蕊 5；子房下位，5 室，柱头 5，线形。蒴果椭圆形，5 裂。花期 6 ~ 8 月，果期 8 ~ 10 月。

【地理分布】产河北、山西、陕西、河南、甘肃、江苏、湖北、四川等地。喜光、耐寒、耐旱，常生长在向阳山坡、岩石缝隙等地。

【繁殖方法】播种、分株或扦插繁殖。

【园林应用】株型自然，花色紫红，可用于布置岩石园，或用于庭院、草地、山坡丛植观赏，也可制作盆景。

七十三、玄参科 Scrophulariaceae

营养器官检索表

1. 叶宽卵形至卵状心形，长宽近相等，上面有长柔毛、黏质腺毛和分枝毛，无光泽……毛泡桐 *Paulownia tomentosa*

1. 叶卵形、长卵形、椭圆状长卵形，稀广卵形，长大于宽，上面无毛或初有分枝毛后变光滑，有光泽。

   2. 叶卵形至广卵形，长略大于宽，长 15 ~ 30cm，全缘或 3 ~ 5 浅裂……兰考泡桐 *Paulownia elongata*

   2. 叶长卵形至椭圆状长卵形，长显著大于宽，树冠较狭窄，分枝角度小；幼枝微有毛；花淡紫色；蒴果小，长 3.5 ~ 6cm……楸叶泡桐 *Paulownia catalpifolia*

毛泡桐

Paulownia tomentosa（Thunb.）Steud.　　泡桐属

【识别要点】落叶乔木，高达 15m；分枝角度大，树冠开张，广卵形或扁球形。无顶芽，侧芽小，2 枚叠生。小枝粗壮，髓心中空。幼枝有黏质腺毛和分枝毛，老枝褐色，无毛。单叶对生，叶片宽卵形至卵状心形，纸质，长 20 ~ 29cm，宽 15 ~ 28cm，先端渐尖或锐尖，基部心形，全缘或 3 ~ 5 浅裂，两面有粘质腺毛和分枝毛。聚伞状圆锥花序顶生，以花蕾越冬，花蕾近球形，径约 6 ~ 9mm，密生黄褐色分枝毛；花序长 40 ~ 60(80)cm，侧花枝细柔，分枝角度大；萼革质，5 裂；花冠二唇形，长 5 ~ 7cm，浅紫色至蓝紫色，有毛；雄蕊 4，二强。蒴果卵形至卵圆形，长 3 ~ 4cm，径 2 ~ 3cm，室背开裂，果皮厚约 1 mm；种子具翅。花期 4 ~ 5 月，先叶开花；果期 10 月。

【地理分布】主产黄河流域，北方习见栽培。

【繁殖方法】播种或埋根繁殖。

【园林应用】树干通直，树冠宽广，花朵大而美丽，先叶开放，是良好的绿荫树，可植于庭院、公园、风景区等各处，适宜作行道树、庭荫树和园景树，也是优良的农田林网、四旁绿化和山地绿化造林树种。抗污染，适于工矿区应用。

楸叶泡桐

Paulownia catalpifolia Gong Tong　　泡桐属

【识别要点】落叶乔木。树冠密集，较狭窄。叶较窄，长卵形，长约为宽的 2 倍，长 12 ~ 34cm，深绿色，下垂；全缘，稀波状而有裂片，背面密被星状毛。萼裂深 1/3 ~ 2/5；花冠鲜紫色，冠筒细长，冠幅 4 ~ 4.8cm，筒内密布紫斑。蒴果长椭圆形，幼时被星状绒毛，长 4.5 ~ 5.5cm，先端常歪嘴；果皮厚 1.5 ~ 3mm。花期 4 月；果期 7 ~ 8 月。

【地理分布】分布于山东、安徽、河南、河北、山西、陕西等地，材质为本属中最优者。

【繁殖方法】播种或埋根繁殖。

【园林应用】同毛泡桐。

【相近种类】兰考泡桐 *Paulownia elongata* S. Y. Hu.

七十四、紫葳科 Bignoniaceae

营养器官检索表

1. 落叶性藤本，叶为 1 回奇数羽状复叶。
  2. 小叶 7 ~ 9，卵形至卵状披针形，两面无毛；花萼裂至中部，裂片披针形；花冠大…… 凌霄 *Campsis grandiflora*
  2. 小叶 9 ~ 11，近椭圆形，叶轴及小叶背面均有柔毛；花萼浅裂至 1/3，裂片卵状披针形；花冠较小……………………………………美国凌霄 *Campsis radicans*
1. 乔木，单叶对生或 3 叶轮生，下面脉腋有腺斑。
  3. 叶下面脉腋有紫色腺斑。
    4. 枝叶无毛，或幼叶有单毛后脱落；叶三角状卵形至卵状椭圆形…………楸树 *Catalpa bungei*
    4. 枝叶、花序均被粘质毛或分枝毛。
      5. 叶卵形或卵状三角形，长显著大于宽；花粉红色或淡红色……………… 灰楸 *Catalpa fargesii*
      5. 叶宽卵形至近圆形，稀卵形，全缘或 3 ~ 5 浅裂，长宽几相等；花淡黄色…梓树 *Catalpa ovata*
  3. 叶下面脉腋有绿色腺斑；叶卵形至卵状椭圆形，下面密生柔毛；花白色·黄金树 *Catalpa speciosa*

七十四、 紫葳科

楸树

Catalpa bungei C. A. Mey. 梓树属

【识别要点】落叶乔木，高达 30m。树冠狭长或倒卵形，树皮灰褐色，浅纵裂。无顶芽。小枝紫褐色，光滑。单叶对生或 3 枚轮生，基出脉 3 ～ 5；叶片三角状卵形至卵状椭圆形，长 6 ～ 15cm，宽 6 ～ 12cm，先端长渐尖，基部截形或广楔形，全缘或下部有 1 ～ 3 对尖齿或裂片，背面脉腋具紫褐色腺斑。总状花序呈伞房状，有花 5 ～ 20 朵；花萼 2 ～ 3 裂；花冠钟状二唇形，白色或浅粉色，内有紫色斑点和条纹；发育雄蕊 2，内藏，着生于下唇。蒴果长 25 ～ 55cm，很少结果。花期 4 ～ 5 月，果期 9 ～ 10 月。

【地理分布】主产黄河流域至长江流域，普遍栽培。

【繁殖方法】一般采用埋根、分蘖或嫁接繁殖。

【园林应用】树干通直，树姿挺拔，叶荫浓郁，花朵亦优美繁密，自古以来即为重要庭木。宜作庭荫树和行道树，可列植、对植、丛植，或在树丛中配植为上层骨干树种。

【相近种类】灰楸 *Catalpa fargesii* Bur.

梓树

Catalpa ovata D. Don.

梓树属

【识别要点】落叶乔木，高达20m；树冠宽阔开展。枝条粗壮；嫩枝、叶柄和花序有粘质。叶卵形、广卵形或近圆形，长10～25cm，宽7～25cm，全缘或3～5浅裂，基部心形或圆形，上面有黄色短毛；下面仅脉上疏生长柔毛，基部脉腋有紫色腺斑。圆锥花序顶生，花萼绿色或紫色；花冠淡黄色，内面有深黄色条纹及紫色斑纹。蒴果圆柱形，长20～30cm，经冬不落。花期5～6月，果期8～10月。

【地理分布】分布广，以黄河中下游为分布中心，南达华南北部，北达东北。

【繁殖方法】播种繁殖，也可埋根或分蘖繁殖。

【园林应用】树冠宽大，树荫浓密，自古以来是著名的庭荫树，园林中可丛植于草坪、亭廊旁边以供遮荫。

【相近种类】黄金树 *Catalpa speciosa* Warder.

七十四、紫葳科

凌霄

Campsis grandiflora (Thunb.)Loisei. 凌霄属

【识别要点】落叶木质藤本，长达 10m，以气生根攀援。枝皮灰褐色，呈细条状纵裂。奇数羽状复叶，对生，小叶 7 ~ 9，卵形至卵状披针形，长 3 ~ 7cm，疏生 7 ~ 8 个锯齿，先端长尖，基部不对称，两面无毛。顶生疏散的短圆锥花序；花萼钟状，长 3 cm，分裂至中部，裂片披针形，长约 1.5 cm；花冠唇状漏斗形，鲜红色或橘红色，长 6 ~ 7cm，径约 5 ~ 7cm，裂片 5，大而开展；雄蕊 4，2 强，弯曲，内藏；蒴果扁平条形，状如荚果，室背开裂。种子扁平，有半透明膜质翅。花期 6 ~ 8 月；果期 10 月。

【地理分布】原产东亚，我国分布于东部和中部，习见栽培。

【繁殖方法】播种、扦插、压条、分蘖繁殖均可，以扦插较常应用。

【园林应用】干枝虬曲多姿，夏日红花绿叶相映成趣，可依附老树、石壁、墙垣攀援，是棚架、凉廊、花门、枯树和各种篱垣的良好造景材料。

【相近种类】美国凌霄 *Campsis radicans* (L.) Seem.

七十五、忍冬科 Caprifoliaceae

营养器官检索表

1. 单叶。
  2. 直立乔灌木。
    3. 叶全缘，枝条髓心黑褐色，后变中空；花初开时白色，不久变为黄色……金银木 *Lonicera maackii*
    3. 叶缘有锯齿。
      4. 常绿性。
        5. 全体近无毛；鳞芽；叶面较平整，边缘有不规则浅波状钝齿或近全缘
          6. 叶椭圆形、矩圆形或矩圆状倒卵形至倒卵形，有时近圆形，侧脉 5 ~ 6 对；圆锥花序.顶生或生于侧生短枝上，宽尖塔形，长 6 ~ 13 cm，宽 4.5 ~ 6 cm；花冠筒长约 2 mm 珊瑚树 *Viburnum odoratissimum*

6. 叶倒卵状矩圆形至矩圆形，很少倒卵形，侧脉 6 ～ 8 对；圆锥花序通常生于具两对叶.的幼枝顶端，长 9 ～ 15 cm，直径 8 ～ 13 cm；花冠筒长 3.5 ～ 4 mm……… 日本珊瑚树 *Viburnum odoratissimum var. awabuki*

5. 幼枝、叶背及花序均被星状绒毛；裸芽；叶面极皱…… 皱叶荚蒾 *Viburnum rhytidophyllum*

4. 落叶性，偶半常绿。

7. 羽状脉。

8. 裸芽，及幼枝被垢屑状星状毛；叶卵形至卵状椭圆形，长 5 ～ 10cm；先端钝尖。

9. 花序全为不孕花…………………………………………………………… 木绣球 *Viburnum macrocephalum*

9. 聚伞花序中央为两性的可孕花，周围有 7 ～ 10 朵（常为 8 朵）大型白色不孕花· 琼花 *Viburnum macrocephalum f. keteleeri*

8. 鳞芽。

10. 侧脉直伸入锯齿先端。

11. 无托叶；叶较宽，卵圆形至宽倒卵形，叶柄长 1cm 以上。

12. 侧脉 8 ～ 14 对，叶先端尖或圆钝，叶缘锯齿较钝。

13. 聚伞花序全为大型白色不孕花…………………………………雪球荚蒾 *Viburnum plicatum*

13. 花序外缘具不孕花，中部花可孕……… 蝴蝶荚蒾 *Viburnum plicatum f. tomentosum*

12. 侧脉 6 ～ 7 对，叶先端骤尖或短尾尖，叶缘有尖锯齿…… 荚蒾 *Viburnum dilatatum*

11. 托叶钻形。

14. 叶卵形至卵状披针形，侧脉 7 ～ 10 对；叶柄长 3 ～ 5mm …宜昌荚蒾 *Viburnum erosum*

14. 叶宽卵形或宽倒卵形，侧脉 5 ～ 7 对；叶柄长 1 ～ 2（3.5）cm……… 桦叶荚蒾 *Viburnum betulifolium*

10. 侧脉不直伸入锯齿先端。

15. 叶片较小，长 2 ～ 8cm，叶缘有不规则的疏而浅的锯齿或缺刻，或近全缘。

16. 茎节不膨大，枝无六棱，幼枝疏生柔毛；叶卵形至卵状椭圆形，叶柄基部不扩大连合。

17. 叶片长 3 ～ 8cm；雄蕊 4，瘦外面密生刺刚毛……… 猬实 *Kolkwitzia amabilis*

17. 叶片长 2 ～ 3.5cm；雄蕊 5；瘦果无刺毛………………… 糯米条 *Abelia chinensis*

16. 茎节膨大，老枝具明显六棱，幼枝被倒生刚毛；叶长圆形至椭圆状披针形，长 2 ～ 7cm，全缘或具疏齿，叶柄基部扩大而连合……… 六道木 *Abelia biflora*

15. 叶片较大，长 5 ～ 15cm，叶缘锯齿较整齐；冬芽具 3 ～ 4 对芽鳞。

18. 小枝较细，常有两列短毛；叶柄长 2 ～ 5mm；叶片长 5 ～ 10cm；花萼 5 裂至中部，裂片披针形…………………………………………… 锦带花 *Weigela florida*

18. 小枝粗壮，光滑或或疏被柔毛；叶柄长 5 ～ 10（20）mm；叶片长 7 ～ 12cm；花萼 5 深裂至基部，萼片线状披针形…… 海仙花 *Weigela coraeensis*

7. 掌状三出脉，叶卵圆形或倒卵形，长 6 ～ 12cm，通常 3 裂；叶柄粗壮，有 2 ～ 4 个大腺体；树皮厚而多少呈木栓质…………………… 天目琼花 *Viburnum opulus* var. *calvescens*

2. 藤本。

19. 花序下的一对叶片基部合生呈总苞状；头状花序有花 9 ～ 18 朵，花冠

橙黄色…………………………………………………… 盘叶忍冬 *Lonicera tragophylla*

19. 花序下面无合生叶；花 2 朵生于叶腋……………… 金银花 *Lonicera japonica*

1. 羽状复叶。

20. 小枝髓心白色；小叶椭圆形至椭圆状卵形，上面中脉和下面散生短糙毛；聚伞花序呈扁平球状，5 分枝；果实黑色…… 西洋接骨木 *Sambucus nigra*

20. 小枝髓心淡黄棕色；小叶椭圆状披针形，无毛；聚伞花序呈圆锥状，长 7 ~ 12cm；核果红色…………………………… 接骨木 *Sambucus williamsii*

锦带花

Weigela florida (Bunge)A. DC. 锦带花属

【识别要点】落叶灌木，高达 3m。小枝细，幼枝具四棱，有 2 列短柔毛。叶椭圆形、倒卵状椭圆形或卵状椭圆形，长 5 ~ 10cm，先端渐尖，基部圆形或楔形，表面无毛或仅中脉有毛，下面毛较密。花 1 ~ 4 朵成聚伞花序；萼 5 裂至中部，裂片披针形；花冠漏斗状钟形，玫瑰色或粉红色；柱头 2 裂。蒴果柱状；种子无翅。花期 4 ~ 6 月，果期 10 月。

【品　　种】红王子锦带花‘Red Prince’，花鲜红色，繁密而下垂。粉公主锦带花‘Pink Princess’，花粉红色，花繁密而色彩亮丽。花叶锦带花‘Variegata’，叶边淡黄白色，花粉红色。紫叶锦带花‘Folis Purpureis’，植株紧密，高达 1.5m；叶带褐紫色，花紫粉色。

【地理分布】分布于东北、华北及华东北部，各地栽培。朝鲜、日本、俄罗斯也有分布。

【繁殖方法】分株、扦插、压条繁殖。为选育新品种，可播种繁殖。

【园林应用】花繁密而艳丽，花期长，是园林中重要的花灌木。适于庭院角隅、湖畔群植；也可在树丛、林缘作花篱、花丛配植、点缀于假山、坡地等。花枝可切花插瓶。

【相近种类】海仙花 *Weigela coraeensis* Thunb

猬实

Kolkwitzia amabilis Graebn.　　猬实属

【识别要点】落叶灌木，高 1.5 ~ 4m，偶达 7m；干皮薄片状剥裂；枝梢拱曲下垂，幼枝被柔毛。单叶对生，卵形至卵状椭圆形，长 3 ~ 8cm，宽 1.5 ~ 3.5cm，全缘或疏生浅锯齿，两面有疏毛。伞房状聚伞花序生于侧枝顶端；花序中每 2 花生于一梗上，2 花的萼筒下部合生，外面密生刺状毛；萼 5 裂；花冠钟状，粉红色至紫红色，喉部黄色；雄蕊 4，2 长 2 短，内藏。瘦果，2 个合生，有时仅一个发育，外面密生刺刚毛，状如刺猬，故名。花期 5 ~ 6 月；果期 8 ~ 10 月。

【地理分布】我国特产，分布于陕西、山西、河南、甘肃、湖北、安徽等省，生于海拔 350 ~ 1900 m 的阳坡或半阳坡。

【繁殖方法】播种或分株繁殖，也可扦插。

【园林应用】猬实着花繁密，花色娇艳，花期正值初夏，是著名观花灌木。园林中宜丛植于草坪、角隅、路边、亭廊侧、假山旁、建筑附近等各处。

金银花（忍冬）

Lonicera japonica Thunb.　　忍冬属

【识别要点】半常绿缠绕藤本，茎皮条状剥落，小枝中空，幼枝暗红色，密生柔毛和腺毛。单叶对生；叶片卵形至卵状椭圆形，稀倒卵形，长3～8cm，全缘，叶缘具纤毛，先端短钝尖，基部圆形或近心形；幼叶两面被毛，后上面无毛。花成对腋生，具2苞片和4小苞片；总梗及叶状苞片密生柔毛和腺毛。萼5裂；花冠二唇形，长3～4cm，上唇具4裂片，下唇狭长而反卷，约等于花冠筒长；初开白色，后变黄色，芳香，外被柔毛和腺毛，萼筒无毛；雄蕊5，和花柱都伸出花冠外。浆果球形，蓝黑色，长6～7mm。花期4～6月，果期8～11月。

【变　　种】红金银花 var. chinensis Baker.，茎及嫩叶带紫红色，花冠外面带紫红。

【地理分布】分布于东北南部、黄河流域至长江流域、西南各地，常生于山地灌丛、沟谷和疏林中。朝鲜、日本也有分布。

【繁殖方法】播种、扦插、压条和分株繁殖。

【园林应用】金银花植株轻盈，藤蔓细长，花朵繁密，先白后黄，色香俱备，是优良的垂直绿化植物。可用于竹篱、栅栏、绿亭、绿廊、花架等设施的绿化，也可攀附山石、用作林下地被。老桩姿态古雅，也是优良的盆景材料。

【相近种类】盘叶忍冬 *Lonicera tragophylla* Hemsl.

金银木（金银忍冬）

Lonicera maackii (Rupr.)Maxim.

忍冬属

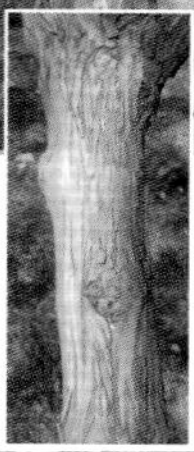

【识别要点】落叶灌木或小乔木，高达6m。小枝幼时被短柔毛，髓心黑褐色，后变中空。叶片卵状椭圆形至卵状披针形，长5～8cm，全缘，两面疏生柔毛。花成对生于叶腋，总花梗短于叶柄。花冠唇形，长达2cm，初开时白色，不久变为黄色，芳香；雄蕊5，与花柱均短于花冠。浆果红色，2枚合生。花期4～6月；果期9～10月。

【地理分布】我国广布，产于东北、华北、华东、陕西、甘肃、四川、贵州至云南北部和西藏；俄罗斯远东、朝鲜、日本亦产。

【繁殖方法】播种、扦插繁殖。

【园林应用】枝叶扶疏，初夏满树繁花，先白后黄、清雅芳香，秋季红果满枝、晶莹可爱，是花果兼赏的优良花木。孤植、丛植于林缘、草坪、水边、建筑物周围、疏林下均适宜。

糯米条

Abelia chinensis R. Br　　六道木属

【识别要点】落叶灌木，高达 2m。枝条开展，幼枝红褐色，疏被毛，茎节不膨大。叶片卵形至椭圆状卵形，长 2 ~ 3.5cm，缘具浅齿，背面叶脉基部或脉间密生白色柔毛；叶柄基部不扩大连合。圆锥花序顶生或腋生，由聚伞花序集生而成；花萼 5 裂，被短柔毛，粉红色；花冠 5 裂，白色至粉红色，芳香，漏斗状，外微有毛，内有腺毛；雄蕊伸出花冠外。瘦果核果状，宿存的花萼淡红色。花期 7 ~ 9 月；果期 10 ~ 11 月。

【地理分布】分布于秦岭以南，常见于低山湿润林缘及溪谷岸边。

【繁殖方法】播种、扦插繁殖均可。

【园林应用】枝条细软下垂，树姿婆娑，花朵洁莹可爱，密集于枝梢，花色白中带红；花谢后，粉红色的萼片长期宿存于枝头，如同繁花一般，整个观赏期自夏至秋。是优良的夏秋芳香花灌木，适于丛植于林缘、树下、石隙、草坪、角隅、假山等各处，列植于路边，也可作基础种植材料、岩石园材料或自然式花篱。

【相近种类】六道木 *Abelia biflora* Turcz.

木绣球

Viburnum macrocephalum Fort.　　荚蒾属

【识别要点】落叶或半常绿灌木，高达5m。枝条开展，树冠呈球形。冬芽裸露，芽、幼枝、叶柄及叶下面密生星状毛。单叶对生，卵形至卵状椭圆形，长5～10cm；先端钝尖，基部圆形，叶缘具细锯齿，侧脉5～6对。大型聚伞花序呈球状，径约15～20cm；全由不孕花组成；花冠白色，辐状，径1.5～4cm，瓣片倒卵形。花期4～5月，不结果。

【变　型】琼花 f. *keteleeri (Carr.)* Nichols.，又名八仙花。聚伞花序直径约10～12cm，中央为两性的可孕花，辐射对称，花萼、花冠5裂，雄蕊5；周围有7～10朵（常为8朵）大型白色不孕花；核果椭圆形，红色，后变黑色。花期4～5月；果期7～10月。

【地理分布】分布于长江流域，各地常见栽培。

【繁殖方法】扦插、压条、分株繁殖。

【园林应用】木绣球为我国传统观赏花木，白花聚簇，团团如球，宛如雪花压树，枝垂近地；琼花花形扁圆，周围着生洁白不孕花，远看犹梨云梅雪，近观如群蝶起舞。最宜孤植于草坪及空旷地，使其四面开展，充分体现其个体美；也可丛植、列植。

雪球荚蒾（蝴蝶绣球）

Viburnum plicatum Thunb

荚蒾属

【识别要点】落叶灌木，高 2 ~ 4m。枝开展，幼枝疏生星状绒毛。鳞芽。单叶对生，宽卵形或倒卵形，长 4 ~ 8cm，顶端尖或圆，基部宽楔或圆形，缘具锯齿，侧脉 8 ~ 14 对，表面叶脉显著凹下，背面疏生星状毛及绒毛。聚伞花序复伞状球形，径约 6 ~ 12cm，全为大型白色不孕花组成。花期 4 ~ 5 月。

【变　型】蝴蝶荚蒾 *f. tomentosum* (Thunb.) Rehd.，又名蝴蝶戏珠花，花序外缘具白色大型不孕花，形同蝴蝶，花冠径达 4cm；中部为可孕花，稍有香气，花结构同琼花，雄蕊稍突出花冠。果宽卵形或倒卵形，红色，后变蓝黑色。花期 4 ~ 5 月，果期 8 ~ 9 月。

【地理分布】分布于陕西南部、华东、华中、华南、西南等地。日本、欧美栽培较多。

【繁殖方法】扦插、嫁接繁殖。

【园林应用】同木绣球。

天目琼花

Viburnum opulus L. var. calvescens (Rehd.)Hara 荚蒾属

【识别要点】落叶灌木，高达 4m；树皮厚而多少呈木栓质，具纵裂纹。鳞芽。单叶对生，卵圆形或倒卵形，长 6 ~ 12cm，通常 3 裂，掌状 3 出脉，有不规则粗齿或近全缘，小枝上部的叶不裂或微 3 裂；叶柄粗壮，有 2 ~ 4 个大腺体；托叶钻形。聚伞花序复伞形，径达 10cm，边缘具 10 ~ 12 白色不孕花；中央的两性花小，5 数，花冠白色，雄蕊突出，花药紫红色。核果近球形，径 8 ~ 10mm，红色而半透明状，内含 1 种子。花期 5 ~ 6 月，果期 9 ~ 10 月。

【地理分布】分布于俄罗斯远东、朝鲜、日本等亚洲东北部地区，我国东北、内蒙古、华北至长江流域均有分布，生于海拔 1000 ~ 1600m 山地疏林中。

【繁殖方法】播种、分株、嫁接繁殖。

【园林应用】树姿清秀，叶形美丽，初夏花白似雪，深秋果似珊瑚，是春季观花、秋季观果的优良树种。适宜植于草地、林缘，因其耐荫，也可植于建筑物背面等。

荚蒾

Viburnum dilatatum Thunb　　荚蒾属

【识别要点】落叶灌木，高 2 ~ 3m，老枝红褐色。小枝、芽、叶柄、花序及花萼被星状毛。单叶对生，宽倒卵形至椭圆形，先端骤尖或短尾尖，长 3 ~ 9cm，叶缘有尖锯齿，下面有腺点；无托叶。聚伞花序，径约 8 ~ 12cm，全为可孕花；花冠辐状，白色，5 裂，雄蕊长于花冠。核果近球形，鲜红色，径约 7 ~ 8mm，有光泽。花期 4 ~ 6 月，果期 9 ~ 11 月。

【地理分布】分布于黄河以南至长江流域各地，常生于海拔 100 ~ 1000 m 的林缘、灌丛和疏林内；日本和朝鲜也产。

【繁殖方法】播种繁殖，也可分株、扦插和压条。

【园林应用】株形丰满，春季白花繁密，秋季果实红艳，是优良的花果兼赏佳品。适于草地、墙隅、假山石旁丛植，亦适于林缘、林间空地栽植，果熟季节，十分壮观。

【相近种类】桦叶荚蒾 *Viburnum betulifolium* Batal. 宜昌荚蒾 *Viburnum erosum* Thunb.

桦叶荚蒾

珊瑚树

Viburnum odoratissimum Ker-Gawl.

荚蒾属

【识别要点】常绿大灌木或小乔木，高达 10m。枝条灰色或灰褐色，有凸起的小瘤状皮孔，近无毛。冬芽有 1 ~ 2 对卵状披针形鳞片。单叶对生，厚革质，椭圆形、矩圆形或矩圆状倒卵形至倒卵形，有时近圆形，长 7 ~ 20 cm，表面深绿而有光泽，背面有时散生暗红色腺点，先端钝尖，基部宽楔形，边缘上部有不规则浅波状钝齿或近全缘；侧脉 5 ~ 6 对。圆锥花序顶生或生于侧生短枝上，宽尖塔形，长 6 ~ 13 cm，宽 4.5 ~ 6 cm；总花梗扁而有淡黄色小瘤状突起；花白色，钟状，花冠筒长约 2 mm，芳香。核果椭圆形，成熟时由红色渐变为黑色。花期 4 ~ 5 月，果期 7 ~ 10 月。

【变　　种】日本珊瑚树 var. *awabuki* (K. Koch.)Zabel ex Rumpl.，又名法国冬青。叶倒卵状矩圆形至矩圆形，很少倒卵形，长 7 ~ 13(16)cm，边缘常有较规则的波状浅钝锯齿；侧脉 6 ~ 8 对；圆锥花序通常生于具两对叶的幼枝顶端，长 9 ~ 15 cm，直径 8 ~ 13 cm，花冠筒长 3.5 ~ 4 mm。

【地理分布】珊瑚树产我国东南部沿海地区，热带亚洲也有分布；日本珊瑚树产浙江和台湾，日本和朝鲜南部也有分布，各地常见栽培。

【繁殖方法】扦插繁殖为主，亦可播种。

【园林应用】枝叶繁茂，终年碧绿，蔚然可爱，是著名的绿篱材料，枝叶富含水分，耐火力强，又兼有防火功能。春季白花满树，秋季果实鲜红，状如珊瑚，也是花果兼叶赏的美丽观赏树种，可丛植于园林、庭院各处观赏。

皱叶荚蒾

Viburnum rhytidophyllum Hemsl　　　　荚蒾属

【识别要点】常绿灌木或小乔木，幼枝、叶背及花序均被星状绒毛；裸芽。单叶对生，叶片厚革质，卵状长椭圆形，长 8 ~ 20cm，叶面皱而有光泽，深绿色。聚伞花序扁，径达 20cm；花 5 数，萼筒被黄白色星状毛，花冠黄白色。核果红色，后变黑色。花期 5 月；果期 9 ~ 10 月。

【地理分布】分布于陕西南部至湖北、四川和贵州。北京、山东等地栽培，生长良好。

【繁殖方法】播种、扦插、压条、分株繁殖。

【园林应用】树姿优美，叶色浓绿，秋果累累，适于屋旁、墙隅、假山边、园路或林缘、树下种植。

接骨木

Sambucus williamsii Hance　　　　接骨木属

【识别要点】落叶大灌木或小乔木，高达 6m；树皮暗灰色。小枝粗壮，有粗大皮孔，光滑无毛，髓心淡黄棕色。奇数羽状复叶，小叶 5 ~ 7(11)，椭圆状披针形，长 5 ~ 15cm，两面光滑无毛，基部圆或宽楔形，叶缘具细锯齿。聚伞花序呈圆锥状，顶生，长 7 ~ 12cm；花冠白色至淡黄色，雄蕊约与花冠等长。核果红色，稀蓝紫色，球形，具 2 ~ 3 分核。花期 4 ~ 5 月；果期 6 ~ 7 月。

【地理分布】原产我国，分布极为广泛，从东北至西南、华南均产；生于海拔 540 ~ 1600 m 山坡、河谷林缘或灌丛。

【繁殖方法】扦插、分株、播种繁殖。

【园林应用】株形优美，枝叶繁茂，春季白花满树，夏季果实累累，是夏季较少的观果灌木。适于水边、林缘、草坪丛植，也可植为自然式绿篱。枝叶入药，栽培历史悠久。

【相近种类】西洋接骨木 *Sambucus nigra* L.

七十六、棕榈科 Arecaceae

棕榈

Trachycarpus fortunei (Hook.)H. Wendl.　　棕榈属

【识别要点】常绿乔木，高达 15m。树干不分枝，常有残存的老叶柄及其下部黑褐色叶鞘。叶形如扇，径 50 ~ 70cm，掌状分裂至中部以下，裂片条形，坚硬，先端 2 浅裂，直伸；叶柄长 0.5 ~ 1m，两侧具细锯齿。花序由叶丛中抽出，分枝密集，佛焰苞多数，革质，被茸毛；花淡黄色；花萼、花瓣各 3 枚；雄蕊 6；子房 3 室，心皮基部合生。核果肾形，径 5 ~ 10mm，熟时黑褐色，略被白粉。花期 4 ~ 6 月，果期 10 ~ 11 月。

【地理分布】原产亚洲，在我国分布甚广，长江流域及其以南各地普遍栽培。在山东崂山露地生长的棕榈可高达 4m。

【繁殖方法】播种繁殖。生产上可利用大树下自播苗培育。

【园林应用】棕榈为著名的观赏植物，树姿优美，适于丛植、群植，窗前、凉亭、假山附近、草坪、池沼、溪涧均无处不适，列植为行道树也甚为美丽。

七十七、禾本科 Poaceae

营养器官检索表

1. 秆每节具 2 分枝，分枝一侧有沟槽。
 2. 分枝以下的秆，各节秆环不隆起，仅箨环隆起（幼小竹秆和丛生的竹秆例外）。
  3. 新秆绿色，有白粉和稀疏亮晶状刺点；秆箨无棕褐色毛，也无箨耳和肩毛。
   4. 秆黄色或有绿色而有黄色条纹。
    5. 秆绿色，有黄色纵条纹，沟槽黄色……………黄槽刚竹 *Phyllostachys sulphurea 'Houzeau'*

5. 秆黄色，有时有 1 ~ 2 条细长的绿色条纹………黄皮刚竹 *Phyllostachys sulphurea* 'Robert Young'

4. 秆绿色………………………………………………………………刚竹 *Phyllostachys sulphurea* var.*viridis*'

3. 新秆绿色，有白粉和细毛；秆箨密生棕褐色长毛，有小箨耳和长肩毛…·毛竹 *Phyllostachys edulis*

2. 分枝以下的秆，各节秆环和箨环均隆起（有的秆环高于箨环）。

6. 秆环或箨环绝无斑点；新秆、箨环密被毛，秆一年后渐变为紫黑色；箨耳发达，镰形、紫色……………………………………………………………………………紫竹 *Phyllostachys nigra*

6. 秆环多少具斑点。

7. 秆箨有箨耳和肩毛。

8. 秆箨有毛；新秆无毛、无白粉；秆箨箨耳小。

9. 秆绿色………………………………………………………………桂竹 *Phyllostachys reticulata*

9. 绿色竹秆上布满大小不等的紫褐色斑块与斑点……………斑竹 *Phyllostachys reticulata* 'Lacrina-deae'

8. 秆箨无毛，新秆略带白粉和稀疏短毛。

10. 秆黄色或有绿色条纹。

11. 秆全部（包括沟槽）金黄色……黄皮京竹 *Phyllostachys aureosulcata* 'Aureocaulis'

11. 秆金黄色，节间纵沟槽绿色；叶绿色，偶有黄色条纹；幼笋淡黄色或淡紫色……………………………………………………………………金镶玉竹 *Phyllostachys aureosulcata* 'Spectabilis'

10. 新秆绿色，老秆黄绿色，分枝一侧出现黄色条纹，凹槽黄色……………………………黄槽竹 *Phyllostachys aureosulcata*

7. 秆箨无箨耳和肩毛。

12. 秆箨光滑无毛，有多数紫色脉纹；新秆被雾状白粉。

13. 秆绿色………………………………………………………………淡竹 *Phyllostachys glauca*

13. 秆上有紫褐色斑点或斑块，且多相重叠；较矮小……筠竹 *Phyllostachys glauca* 'Yunzhu'

12. 箨鞘黄褐色，密被黑紫色斑点或斑块，疏生硬毛…·桂竹 *Phyllostachys reticulata*

1. 秆中部每节 1 分枝或 3 分枝（秆的上部可更多）。

14. 秆高 3 ~ 8m，中部每节 3 分枝，上部 5 ~ 7 分枝，叶片较小，长 4 ~ 20cm，宽 1.2 ~ 3 cm………………………………………………………………………苦竹 *Pleiblastus amarus*

14. 秆高 1 ~ 1.5m，中部每节 1 分枝，分枝几与主秆同粗，或上部节分枝多达 2 ~ 3 枚；叶片大，长 10 ~ 30cm，宽 1 ~ 4.5cm……………………………阔叶箬竹 *Indocalamus latifolius*

毛竹

Phyllostachys edulis (carr.)J.Houzeau

刚竹属

【识别要点】地下茎为单轴型。秆散生，圆筒形，高 10 ～ 25m，径达 12 ～ 20cm；节间在分枝侧有沟槽；每节 2 分枝；下部节间较短，中部以上节间可长达 20 ～ 30cm；分枝以下秆环不明显，仅箨环隆起。新秆绿色，密被细柔毛，有白粉；老秆灰绿色，无毛，白粉脱落而在节下逐渐变黑色。笋棕黄色；箨鞘厚革质，有褐色斑纹，背面密生棕紫色小刺毛；箨舌呈尖拱状；箨叶三角形或披针形，绿色，初直立，后反曲；箨耳小，繸毛(肩毛)发达。叶 2 列状排列，每小枝 2 ～ 3 叶，较小，披针形，长 4 ～ 11cm，宽 5 ～ 12mm。笋期 3 ～ 5 月。

【地理分布】原产我国，在秦岭至南岭间的亚热带地区普遍栽培。河北、山西、山东、河南有引栽。

【繁殖方法】可用播种、分株、埋鞭等法繁殖。

【园林应用】20 世纪 70 年代，在“南竹北移”过程中，华北南部不少地区引种栽培了毛竹。毛竹竹秆高大挺拔，最宜于风景区和大型公园大面积造林。

刚竹

Phyllostachys sulphurea var.*viridis* R.A.Young　　刚竹属

【识别要点】地下茎为单轴型。秆散生，高 6 ~ 15m，径 4 ~ 10cm；分枝以下秆环较平，仅箨环隆起；中部节间长 20 ~ 45cm。新秆鲜绿色，无毛，有少量白粉。箨鞘乳黄色，有大小不等的褐斑及绿色脉纹，无毛，微被白粉；无箨耳和繸毛；箨舌绿黄色，边缘有纤毛；箨叶狭三角形至带状，外翻，绿色但具橘黄色边缘，末级小枝有 2 ~ 5 叶，叶片长圆状披针形或披针形，长 5.6 ~ 13cm，宽 1.1 ~ 2.2cm。笋期 5 月。

【品　　种】黄槽刚竹‘Houzeau’，秆绿色，有宽窄不等的黄色纵条纹，沟槽黄色。黄皮刚竹‘Robert Young’，幼秆绿黄色，后变为黄色，下部节间有少数绿色条纹。

【地理分布】原产我国，主要分布于黄河以南至长江流域各地。

【繁殖方法】播种、分株、埋鞭等法繁殖。

【园林应用】四季常青，秀丽挺拔，可在园林中广泛应用。庭院曲径、池畔、景门、厅堂四周或山石之侧均可小片配植，大片栽植形成竹林、竹园也适宜。

紫竹

Phyllostachys nigra (Lodd. et Lindl.)Munro.

刚竹属

【识别要点】地下茎为单轴型。秆散生，高 3 ~ 8(10)m，直径 2 ~ 4cm，中部节间长 25 ~ 30cm，壁厚约 3mm；秆环与箨环均甚隆起，箨环有毛。幼秆绿色，密被短柔毛和白粉，一年后竹秆逐渐出现紫斑最后全部变为紫黑色，无毛。箨鞘淡玫瑰紫色，被淡褐色刺毛，无斑点；箨耳发达，镰形，紫黑色；箨舌长而隆起，紫色，边缘有长纤毛；箨叶三角形至三角状披针形，绿色但脉为紫色，舟状。叶片薄，长 7 ~ 10cm，宽约 1.2cm。笋期 4 ~ 5 月。

【变　种】毛金竹 var. *henonis* (Mitford) Stapf ex Rendle，与紫竹区别在于秆较粗大，绿色至灰绿色，不变紫，秆壁较厚，可达 5mm。

【地理分布】分布于长江流域及其以南各地，湖南南部至今尚有野生紫竹林；山东、河南、北京、河北、山西等地有栽培。

【繁殖方法】播种、分株、埋鞭等法繁殖。

【园林应用】紫竹新秆绿色，老秆紫黑，叶翠绿，颇具特色，常栽培观赏。园林造景中，适植于庭院山石之间或书斋、厅堂四周、园路两侧、水池旁，与黄槽竹、金镶玉竹、斑竹等竹秆具色彩的竹种同栽于园中，可增添色彩变化。

桂竹

Phyllostachys reticulata (Rupr.)K.Koch. 刚竹属

【识别要点】地下茎为单轴型。秆散生，高达22m，直径8 ~ 14cm；中部节间长达40cm；秆环、箨环均隆起。幼秆绿色，无毛及白粉。箨鞘黄褐色，密被黑紫色斑点或斑块，疏生淡褐色脱落性硬毛；箨耳矩圆形或镰形，紫褐色，偶无箨耳，有长而弯的繸毛；箨舌拱形，淡褐色或带绿色；箨叶带状，中间绿色，两侧紫色，边缘黄色。末级小枝具2 ~ 4叶，叶片长5.5 ~ 15cm，宽1.5 ~ 2.5cm。出笋较晚，笋期5月中旬至7月。

【品　　种】斑竹‘Lacrina-deae’，又名湘妃竹。绿色竹秆上布满大小不等的紫褐色斑块与斑点，分枝亦有紫褐色斑点，边缘不清晰，呈水渍状。

【地理分布】原产我国，北自河北、南达两广北部，西至四川、东至沿海各地的广大地区均有分布或栽培。

【繁殖方法】播种、分株、埋鞭等法繁殖。

【园林应用】桂竹栽培历史悠久，各地园林中常见。品种斑竹至迟晋朝时已经出现。应用方式与刚竹等相似，可参考之。

淡竹（粉绿竹）

Phyllostachys glauca McCl.

刚竹属

【识别要点】地下茎为单轴型。秆散生，高 5 ~ 12m，径 2 ~ 5cm，中部节间长达 40cm，无毛；秆环与箨环均隆起。新秆密被雾状白粉；老秆绿色或灰绿色，仅节下有白粉环。箨鞘淡红褐色或淡绿褐色，有显著的紫脉纹和稀疏斑点，无毛；无箨耳和繸毛；箨舌截形，高约 2 ~ 3mm，暗紫褐色；箨叶线状披针形或线形，绿色，有紫色脉纹。末级小枝具 2 ~ 3 叶；叶片长 7 ~ 16cm，宽 1.2 ~ 2.5cm。笋期 4 月中旬至 5 月底。

【品　　种】筠竹‘Yunzhu’，又名花斑竹，较矮小，竹秆上有紫褐色斑点或斑块，且多相重叠。秆色美观，竹材柔韧致密，匀齐劲直。

【地理分布】分布于黄河以南至长江流域各地，以江苏、安徽、山东、河南、陕西较多。

【繁殖方法】播种、分株、埋鞭等法繁殖。

【园林应用】同刚竹。

黄槽竹

Phyllostachys aureosulcata McCl.　　刚竹属

【识别要点】地下茎为单轴型。秆散生，高 5 ~ 8m，径 2 ~ 4cm，较细的秆之基部有 2 ~ 3 节作“之”字形折曲；中部节间最长达 40cm；秆环中度隆起，高于箨环。新秆绿色，略带白粉和稀疏短毛；老秆黄绿色，无毛，分枝一侧的沟槽黄色。笋淡黄色；箨鞘背部紫绿色，常有淡黄色条纹，无斑点或微具褐色小斑点，无毛，有白粉。箨叶三角形或三角状披针形，直立、开展或外翻，有时略皱缩。末级小枝有叶 2 ~ 3 片，叶片披针形。笋期 4 月下旬至 5 月。

【品　　种】黄皮京竹‘Aureocaulis’，秆全部(包括沟槽)金黄色，或基部节间偶有绿色条纹。金镶玉竹‘Spectabilis’，秆金黄色，节间纵沟槽绿色；叶绿色，偶有黄色条纹；幼笋淡黄色或淡紫色。

【地理分布】原产浙江、北京等地，黄河流域至长江流域常见栽培。

【繁殖方法】播种、分株、埋鞭等法繁殖。

【园林应用】秆色优美，为优良观赏竹，适于庭院小片栽植。

阔叶箬竹

Indocalamus latifolius (Keng)McCl. 箬竹属

【识别要点】地下茎为复轴型。秆丛生，高 1 ~ 1.5m，下部直径 5 ~ 8mm，节间长 5 ~ 20cm；圆筒形，分枝一侧微扁，每节 1 ~ 3 分枝，秆中部常 1 分枝，分枝与秆近等粗。秆箨宿存，箨鞘有粗糙的棕紫色小刺毛；箨耳和叶耳均不明显，箨舌平截，高不过 1mm，鞘口有长 1 ~ 3 mm 的流苏状须毛；箨叶狭披针形，易脱落。叶片长椭圆形，长 10 ~ 30cm，宽 1 ~ 4.5cm，表面无毛，背面灰白色,略有毛。笋期 5 ~ 6 月。

【地理分布】分布于华东、华中至秦岭一带。北京等地可露地越冬，仅叶片稍有枯黄。

【繁殖方法】分株、埋鞭繁殖。

【园林应用】植株低矮，叶片宽大，在园林中适于疏林下、河边、路旁、石间、台坡、庭院等各处片植点缀或作地被。

七十八、百合科 Liliaceae

营养器官检索表

1. 直立灌木；叶剑形，无托叶，质地较厚或硬，无中脉，叶缘常有细齿或丝状裂。
  2. 主干常明显，有时有分枝；叶硬而挺直、不下垂，老时疏有纤维丝……凤尾兰 *Yucca gloriosa*
  2. 植株低矮，近无茎；叶较柔垂，叶缘有卷曲白丝……………………………………丝兰 *Yucca smalliana*
1. 攀援灌木，茎疏生倒钩刺；叶卵圆形，托叶鞘具有卷须，位于叶柄基部两侧…… 菝葜 *Smilax china*

凤尾兰

Yucca gloriosa L.　　丝兰属

【识别要点】常绿灌木或小乔木，高可达 5m；主干有时有分枝。叶剑形，多集生茎端，略有白粉，长 60 ~ 75cm，宽约 5cm，挺直不下垂；叶质坚硬，全缘，老时疏有纤维丝。圆锥花序长 1m 以上；花杯状，下垂，乳白色，常有紫晕；花被片 6，离生或基部连合。蒴果椭圆状卵形，不开裂，常不结果。花期 5 ~ 10 月。

【地理分布】原产北美。黄河以南各地普遍栽培。

【繁殖方法】茎切块或分株繁殖。

【园林应用】四季青翠，叶形似剑，花白色素雅芳香，常丛植于花坛中心、草坪一角，树丛边缘，也可用于岩石园、厂矿污染区、车行道绿带。

【相近种类】丝兰 *Yucca smalliana* Fern.

菝葜

Smilax china L.　　菝葜属

【识别要点】攀援灌木，茎长可达 10 m。根状茎呈不规则的块状，粗 2 ~ 3 cm，坚硬，疏生须根。茎枝疏生稍弯曲的粗刺。单叶互生，稍革质，近圆形或卵圆形，长宽各约 4 ~ 10 cm，先端钝圆，基部阔楔形至近心形，全缘或微波状；叶脉 3 ~ 5，弧形。叶柄长 4 ~ 5mm，下部有狭鞘，具卷须。雌雄异株；伞形花序生于幼嫩小枝上，花朵黄绿色，花被片 6，卵状披针形，雄蕊 6，子房上位，3 室，柱头 3 裂。浆果球形，径约 1 ~ 1.5 cm，红色。花期 4 ~ 5 月，果期 9 ~ 10 月。

【地理分布】分布于华北南部、华东、华南和西南地区，生于山坡、灌木丛、林缘。朝鲜、日本也有分布。

【繁殖方法】播种、分株繁殖。

【园林应用】菝葜是稀见的单子叶攀援植物，株形婆娑，叶形奇特，果实红艳，可在植株上留存一年以上，是一种美丽的垂直绿化材料，可用于棚架、凉廊绿化。

学名索引

中名索引